シリーズ21世紀の農学

外来生物のリスク管理と有効利用

日本農学会編

養賢堂

目　次

はじめに ……………………………………………………………… iii
第1章　外来種対策と外来生物法………………………………… 1
第2章　外来植物のリスクを評価し，その蔓延を防止する …… 19
第3章　外来牧草の有効利用のためのリスク管理……………… 61
第4章　ランドスケープ再生事業における生物多様性配慮と外来植物 … 79
第5章　外来植物と都市緑化〜生態的被害・便益性の真の評価を
　　　　「在来種善玉・外来種悪玉論」批判〜………………… 105
第6章　外来動物問題とその対策………………………………… 125
第7章　外来魚とどう付き合うか………………………………… 147
第8章　導入昆虫のリスク評価とリスク管理
　　　　－導入天敵のリスク評価と導入基準－ ………………… 171
第9章　輸入昆虫のリスク評価とリスク管理
　　　　－特定外来生物セイヨウオオマルハナバチのリスク管理－ … 187
シンポジウムの概要 ……………………………………………… 205
著者プロフィール ………………………………………………… 213

はじめに
（シンポジウム開催にあたって）

鈴木　昭憲
日本農学会会長

　日本農学会は，農学に関する専門学会の連合協力により，農学およびその技術の進歩発達に貢献することを目指し，広義の農学系分野の学協会連合体として，昭和4年（1929）に設立され，まもなく80周年を迎えようとしています．ところで，地球環境および資源の有限性が明白になった21世紀においては，資源循環型社会の創造は全人類的課題でありますが，それは日本農学会の目指す農学の課題でもあります．農学というと，一般に農業に直接関係する学問のみを意味すると誤解されがちですが，それは狭義の農学です．日本農学会の対象とする農学とは，狭義の農学，林学，水産学，獣医学等はもとより，広く生物生産，生物環境，バイオテクノロジー等にかかわる基礎から応用にいたる広範な学問全般を含んでいます．すなわち，日本農学会は，農学が人類の生存と発展に貢献することを究極の目標に，自然科学と社会科学の基礎から応用までの幅広い分野を包含する総合科学としての農学の発展と普及を指命とする学会です．

　さて，日本農学会では，日本の農学が当面する課題をテーマに掲げ，それに精通した専門家に講演を依頼し，若手研究者や農学に関心をもつ一般の方々を対象としたシンポジウムを平成17年度から毎年10月に開催してまいりました．今回のテーマは，「外来生物のリスク管理と有効利用」であります．明治元年以降，人間の移動や貿易が盛んになるにつれ，新たな外来生物の導入や侵入が増加しています．それに伴い，これら外来生物が日本固有の生態系や環境に影響を及ぼし，人の生命・身体，農林水産業に被害を与える

可能性が指摘されています．このような状況を受けて，平成17年6月から「特定外来生物による生態系等に係る被害の防止に関する法律」が施行され，指定された生物はその飼養，栽培，保管，運搬，輸入が禁止されることとなりました．

一方，米・野菜などの主要な農作物や牧草・園芸植物，乳牛・鶏・豚などの家畜，蜜蜂，養殖魚やペットなど，食糧としてだけでなく私たちの生活には欠かせない有益な生物の多くも，必ずしも日本固有の生物ではなく，その多くは世界各地からやって来た外来生物です．そのため，今後も新たな有用生物の導入や開発が農学研究上きわめて重要であると考えられます．

そこで，本シンポジウムでは，講師の方々にそれぞれの立場から，外来生物のもつリスクと有効利用に関する最近の研究を紹介するとともに，外来生物のリスク防止に関する行政上の理念の紹介を通じて，その問題点を明らかにしていただきました．

本書は，講師の方々にその講演の要点をできるだけ平易にまとめていただいたものであります．本書の刊行によって，これらの問題に対する社会の理解が一段と深まることを期待いたしております．

第 1 章
外来種対策と外来生物法

水 谷 知 生
環境省自然環境局野生生物課外来生物対策室

1．はじめに

　外来種による生態系や農林業への影響を防止することを目的として，「特定外来生物による生態系等に係る被害の防止に関する法律」（外来生物法）が，2005年6月より施行されている．外来種対策というと，この法律を中心に議論されることが多いが，ここでは，法律が制定されるまでの背景，法律の概要について紹介するとともに，外来種対策の課題についてふれる．

2．外来生物法制定の背景

（1）法制定の背景

　1992年に採択された生物多様性条約（CBD）第8条において，生息域内保全のために締約国が取り組むべき事項として，「可能な限り，かつ，適当な場合には」という注釈つきではあるが，保護地域制度の確立などと並び，「（h）生態系，生息地若しくは種を脅かす外来種（alien species）の導入を防止し，またはそのような外来種を制御し若しくは撲滅すること」が位置づけられている．

　CBDでは，外来種について，横断的な課題として議論が進められ，2002年4月の第6回締約国会議で，各国が対策を検討するにあたっての手引きとして，「生態系，生息地及び種を脅かす外来種の影響の予防，導入，影響緩和のための指針原則」（Guiding principles for the prevention, introduction and mitigation of impacts of alien species that threaten ecosystems, habitats or species）を決議している．

ここでは，15の原則をあげ，予防が費用対効果が高く，優先して取り組むべき対策であるとし，すでに導入されている種については，初期の発見と定着の防止を図ることが必要としている．
（指針原則の原文および仮訳は http://www.env.go.jp/nature/intro/4 document/policy.html 参照）

国内では，総合規制改革会議（2001～2003年度に内閣府に設置）の規制改革の推進に関する1次答申（2001年12月）で，会議に参画していた委員の積極的な発言により，外来種問題への制度的対応の必要性が盛り込まれた．

このような動きを受け，環境省では，2000年から検討を開始していた野生生物保護対策検討会移入種問題分科会（移入種検討会）において2002年8月に「移入種（外来種）への対応方針」をまとめ，外来種の現状，対策の方向性を示した．その後，中央環境審議会での制度的対応の検討を経て，外来生物法が2004年に制定され，2005年6月から施行された．

2002年3月に生態学会から出された「外来種管理法（仮称）の制定に向けての要望書」が当時求められていた仕組みの概要を端的に示している．以下に簡単に紹介する．

外来種の意図的導入に関して，輸入または国内利用に先立つリスク評価を行い承認を得る仕組みとする．/非意図的導入を阻止するため，移入経路を特定し，それに関連した業者などにリスク評価を行わせるなどのプログラムを実施．/現存する外来種に関して，種のもたらす影響の大きさ，現実に脅威となっている場所の脅威の大きさに関するランク付けを行い，優先的に駆除，制御するランク付けを行う．/管理対象となる種，地域に関して，生態学的な理解とモデルに基づく管理計画を策定し，地域住民とともにプログラムを実施する．/普及啓発の積極的実施．

ここでは，意図的な導入にあたって慎重な態度で臨むこと，影響の大きな種・地域について駆除などの対策の優先順位をつけることを求めている．

（2）外来種に関する用語について

外来種問題については，図1.1にみるように，2000年頃から論述が増加してきている．ここで，やや冗長となるが，外来種に関する用語の問題について整理しておきたい．外来種に関しては，これまで，図1.1に示しているとおり，「帰化」，「移入」，「外来」の用語が用いられてきているが，2000年より前には，「帰化」という用法が大半を占め，これはほとんど植物についての論述であった．植物以外では外来種，外来魚といった「外来」が若干例，さらに，若干例の「移入種」が見られる．

公的な文書としては，1993年に日本が生物多様性条約を締結した際に，条約本文のalien speciesを「外来種」と訳出したことが最初の例である．訳出の経緯を調べてみたが，特に他の訳語と比較検討されたことはない．生物多様性条約の英文テキストではalien speciesが用いられているが，仏文，西文テキストではそれぞれ，les espèces exotiques, las especies exóticasであり，英語でexotic speciesに相当する語が用いられている．海外でも用語は統一

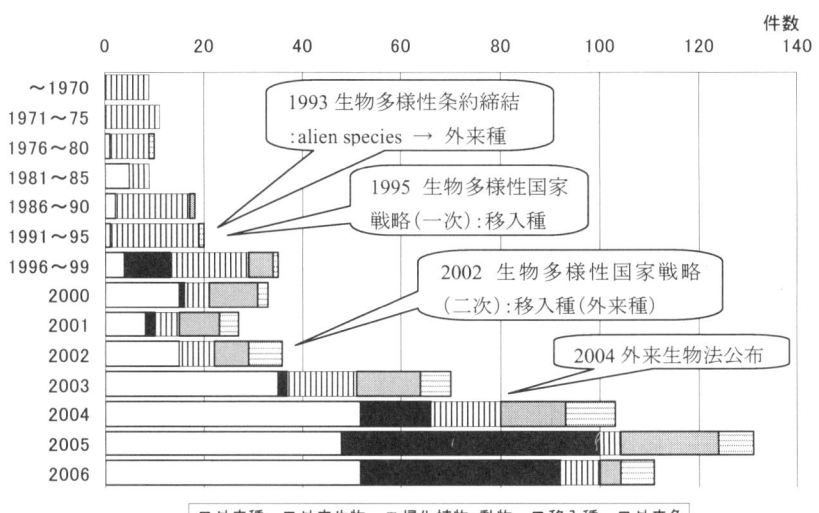

（国立国会図書館採録誌での表題、キーワードの出現数）
図1.1　外来種に関する用語の推移

的ではないようである．

　その後，1995年の生物多様性国家戦略や環境基本計画では「移入種」という語を用いている．これは，国内の地域に元来分布していない在来種を導入することも「外来種問題」の一つの大きな問題であるが，「外来」の語は，そういった在来種の国内導入の問題に目が向けられなくなるおそれがあるとの懸念もあり，「移入」という語を用いたものである．

　しかし，その後，「移入」とは，そもそも生物が人為によらず新たな生息地に入る場合にも用いられる語であることから，「外来種」とすべきという議論が移入種検討会の場などでなされ，2002年の生物多様性国家戦略（第二次）では，「移入種（外来種）」と併記し，環境省の移入種問題検討会で同年にまとめた報告書のタイトルも「移入種（外来種）への対応方針について」とした．

　2005年の外来生物法の制定後，本年策定された第三次の生物多様性国家戦略では「外来種」という表現としている．

　一方，外来生物法が制定されてから，論述の中では「外来生物」という用法が増加している．外来生物法に関連した論述であれば特段誤解は生じないが，この語は，後述するように，海外から我が国に導入された生物という法律上の定義をもっている．「移入種」や「外来種」の語は，国内の他地域に導入する在来種もその概念に含んで用いられていたことと比較して，「外来生物」は国外から導入されたものに限定した定義となっており，「移入種」，「外来種」と表現していた箇所を「外来生物」と置き換えた場合，実質的な内容の相違が生じるおそれがある．

　たとえば，地方自治体が条例を制定して外来種に関する対策をとる場合，条文上「外来生物」をその施策の対象とした場合，外来生物法の定義に準じることとなることから，結果として，地方自治体で中心的に取り組んでほしい，在来種の分布域外への導入について，施策の対象外になってしまうということも生じる．

　国内の他地域に導入された在来種については，「国内外来種」という語を用いるという考え方もあるが（村上・鷲谷，2002），「国内外来種」という語は，日本語としての語感から理解が困難と考えられることから，この場合は「国

内移入種」という表現を用いてもよいのではないだろうか．

3．外来生物法の概要

外来生物法の対象となる「外来生物」は，法第2条で，「海外から我が国に導入されることによりその本来の生息地又は生育地の外に存することとなる生物」と定義されている．法では，「特定外来生物」，「未判定外来生物」などの指定を行い，輸入などが制限される仕組みとなっている（図1.2参照）．

（1）特定外来生物

この法律では，特定外来生物は，概ね明治期以降に我が国に導入されたと考えられる生物で，識別が容易な大きさのもので，生態系，人の生命・身体，農林水産業に重大な被害をもたらすものが指定される．被害とは，在来生物の捕食や在来生物との競合，交雑による遺伝的攪乱などによる生態系への被害，また，食害などによる農林水産業への被害などを想定している．

被害の有無の判定は，特定外来生物等専門家会合を設置して行ない，2008年1月まで表1.1のとおり1科，13属，87種の特定外来生物が指定されている．種の指定にあたっては，輸入制限措置となることから，WTO・SPS協定（衛生植物検疫措置の適用に関する協定）に基づき，WTO加盟国に事前に通報を行い，意見を求める手続きが必要である．

特定外来生物として指定されると，輸入はもとより，国内での飼養，栽培，保管，運搬，譲渡し，譲受けを行うことができない．学術研究，展示，教育等の目的で特定外来生物が逸出しない施設がある場合など，一定の基準を満たしていれば許可を受けて飼養することができる．また，特定外来生物を野外に放つこと，植えること，まくことは例外なく禁止されている．

特定外来生物で許可を受けて飼養されているものとしては，セイヨウオオマルハナバチが約14,000件の飼養が許可されており，群を抜いて多い．

（2）未判定外来生物

未判定外来生物は，生態系に被害を及ぼすおそれがある可能性があるが，

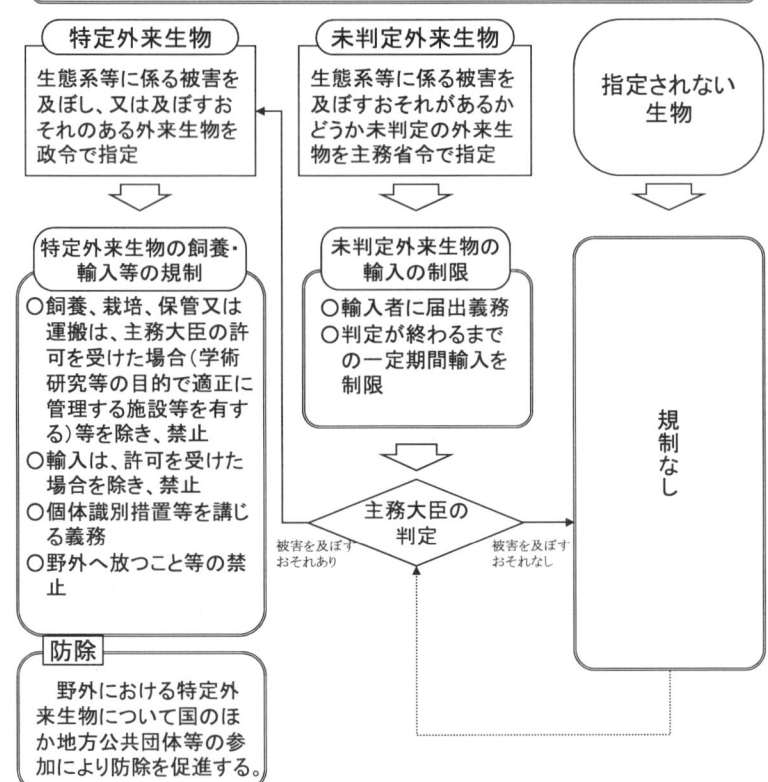

図 1.2　特定外来生物による生態系等に係る被害の防止に関する法律の概要

判定がなされるまでの間輸入が制限されるもの．輸入する場合は事前に届出を行い，届出があった場合は6ヶ月間で判定を行い，被害を及ぼすおそれがあるかないか判断する．おそれがないと判断されれば輸入でき，おそれがあるとなれば特定外来生物に指定され，許可を受けなければ輸入はできない．例えば，ジャワマングースに関連して，マングース科のほぼ全種が，オオク

表1.1 特定外来生物に指定されている生物の一覧（2008.1現在）

哺乳類	フクロギツネ，ハリネズミ属，タイワンザル，カニクイザル，アカゲザル，ヌートリア，クリハラリス，タイリクモモンガ，トウブハイイロリス，キタリス，マスクラット，カニクイアライグマ，アライグマ，アメリカミンク，ジャワマングース，アキシスジカ属，シカ属，ダマシカ属，シフゾウ，キョン
鳥類	ガビチョウ，カオグロガビチョウ，カオジロガビチョウ，ソウシチョウ
爬虫類	カミツキガメ，グリーンアノール，ブラウンアノール，ミナミオオガシラ，タイワンスジオ，タイワンハブ
両生類	オオヒキガエル，キューバズツキガエル，コキーコヤスガエル，ウシガエル，シロアゴガエル
魚類	チャネルキャットフィッシュ，ノーザンパイク，マスキーパイク，カダヤシ，ブルーギル，コクチバス，オオクチバス，ホワイトバス，ストライプトバス，ヨーロピアンパーチ，パイクパーチ，ケツギョ，コウライケツギョ
昆虫類	アルゼンチンアリ，ヒアリ，アカカミアリ，，コカミアリ，テナガコガネ属，セイヨウオオマルハナバチ
無脊椎動物	キョクトウサソリ科，ジョウゴグモ科のうち2属，イトグモ属のうち3種，ハイイロゴケグモ，セアカゴケグモ，クロゴケグモ，ジュウサンボシゴケグモ，ザリガニ類（アスタクス属，ウチダザリガニ，ラスティークレイフィッシュ，ケラクス属），モクズガニ属，カワヒバリガイ属，クワッガガイ，カワホトトギスガイ，ヤマヒタチオビ，ニューギニアヤリガタリクウズムシ
植物	ナガエツルノゲイトウ，ブラジルチドメグサ，ボタンウキクサ，アゾルラ・クリスタタ，オオキンケイギク，ミズヒマワリ，オオハンゴンソウ，ナルトサワギク，アレチウリ，オオフサモ，スパルティナ・アングリカ，オオカワヂシャ
未判定外来生物を判定し特定外来生物として指定したもの	クモテナガコガネ属，ヒメテナガコガネ属（2006.9） アノリス・アングスティケプス（2007.9） ナイトアノール，ガーマンアノール，ミドリオオガシラ，イヌバオオガシラ，マングローブヘビ，ボウオオガシラ，プレーンズヒキガエル，アカボシヒキガエル，オークヒキガエル，テキサスヒキガエル，キンイロヒキガエル，コノハヒキガエル（2008.1）

※ 在来の種・亜種を除く

チバスに関連してサンフィッシュ科の全種が未判定外来生物に指定されている．

これまで，未判定外来生物に指定されていた生物に関し，輸入の届け出が出され，判定を行った種が数種類ある（表1.1最下欄参照）．この未判定外来生物を判定する際には，原産地での分布，生態，これまで他地域での定着の有無といった情報をもとに，日本での定着の可能性，定着した場合の影響の有無を検討している．

（3）輸入のための種類名証明書を要する生物

輸入規制を効果的に行うため，特定外来生物や未判定外来生物との区別が難しい生物は，輸入に当たって，外国の政府機関等によって発行された種類名の証明書の添付を要する．

（4）防　除

外来生物法では，特定外来生物による生態系への被害が生じる場合，または生じるそれがある場合には，主務大臣や関係行政機関の長が防除を行うとしている．環境省は制度上その保全を図ることとされている国立公園の地域など，全国的観点で優先度の高い地域から防除を進めているが，地方公共団体や民間団体による防除も重要であり，地方公共団体や民間団体の防除を確認，認定する仕組みも規定されている．

4．外来種対策の実際

外来生物法が2005年7月に施行され，多くの特定外来生物の指定が2005年，2006年になされているが，この法律の施行によりどのような変化が生じているか，また，外来種対策の実態と課題などについて検討したい．

（1）生きている生物の輸入

外来生物法の施行，特定外来生物，未判定外来生物の指定により，国外から意図的に持ち込まれる生物の一部については，輸入ができないこととな

1 外来種対策と外来生物法 9

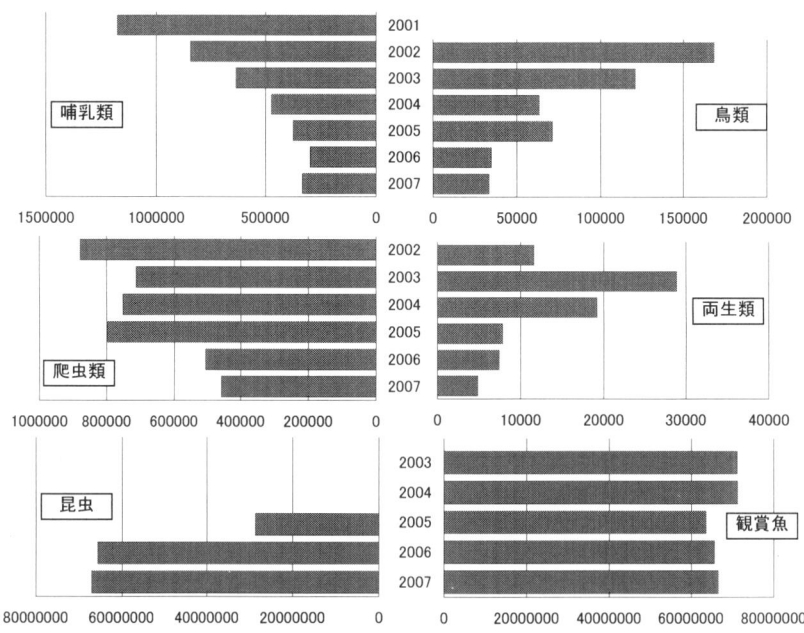

図1.3 生きている動物の輸入数の推移（財務省貿易統計より）
（哺乳類・鳥類には家畜・家禽は含まない．2007年は10月までの実績値から前年実績をもとに推定した値）

り，また，特定外来生物や未判定外来生物ではないことを証明する書類の提示義務が生じるなど，水際でのチェックがなされることとなった．このチェックは税関，植物防疫所の協力を得て行っている．

近年の生きている動物の輸入数を財務省の貿易統計からみると，図1.3のとおりである．この統計は，税関での申告額20万円以上のものが対象になっており，実際に輸入された実数はこれより多くなるが，経年変化は把握できる．

哺乳類と鳥類（家畜および家きんは除く）については大幅に減少している．この間に，感染症法に基づきプレーリードッグなどが輸入禁止となったこと，2005年9月からの動物の輸入届出制度で全ての種に対して輸出国政府機関発行の衛生証明書の添付などが必要となったことが減少要因として考えら

れるが，輸入届出制度実施以前にかなりの数が減少している．鳥類については感染症対策上の手続きが必要となった他，2004年の鳥インフルエンザ発生国からの輸入停止措置により，輸入数が激減したものと推定される．

　輸入数量については，感染症法による動物の輸入届出により，哺乳類，鳥類については，その総数が把握できるようになった．届出制度が開始された2005年9月から1年間の届出数量は，哺乳類511,348頭，鳥類112,986羽と報告されている（大曽根，2006）．これには狂犬病予防法と家畜伝染病予防法に基づく検疫が必要な種類が含まれていないが，貿易統計の同時期1年間の輸入数は哺乳類344,909頭，鳥類38,466羽であり，税関への申告の対象となっていない個体が哺乳類で30～40％，鳥類で60％以上あることがわかる．

　輸入届出制度により，輸入される種類も把握され，たとえばフクロモモンガの輸入量が増加したことは，外来生物法によりタイリクモモンガが規制対象になったためと推察している（大曽根，2006）．輸入規制により，規制のない他の種に輸入する種類がシフトするといった動きも現実に生じていることが推定される．

　爬虫類，両生類については，感染症に関連した輸入規制が新たに行われて

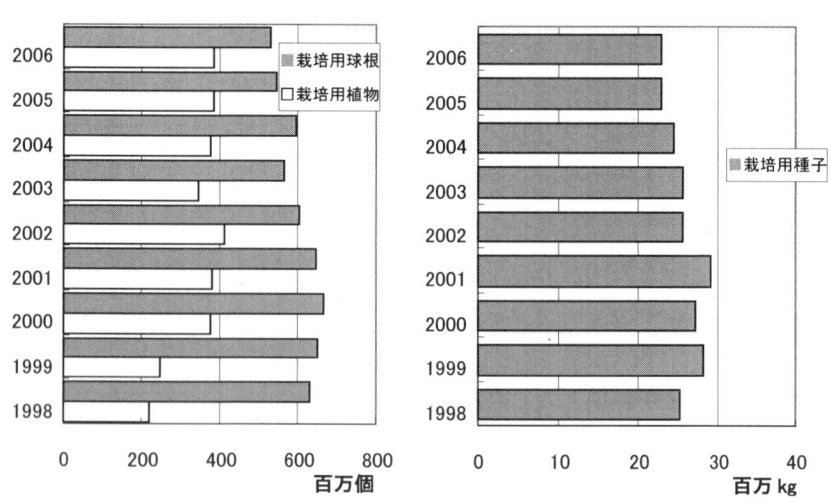

図1.4　植物の輸入数量の推移（植物防疫統計より）

いるわけではない．2005年の外来生物法施行以降，輸入数が減少傾向にある．法施行による効果かどうかの検証は難しいが，外来種によるリスクに関する社会的な関心が高まったことが，生きている生物の輸入の抑制につながった可能性はある．一方，昆虫類，観賞魚については，輸入数の減少傾向は見られず，昆虫に関しては，輸入数が増加している状況である．

栽培用の植物の輸入については植物防疫統計で確認できるが，輸入量は特に変化していない（図1.4）．

(2) 外来種による影響の防止・軽減

すでに定着している外来種による影響への対応は容易ではない．環境省では，奄美大島でアマミノクロウサギをはじめとする固有種を捕食するなどの影響が生じているため，マングース対策事業を2000年から行っているが，2005年以降，捕獲努力量を大幅に増加したことにより，2006年には，ようやく分布域の縮小傾向，密度低下傾向が現れてきている（図1.5）．これまでは，

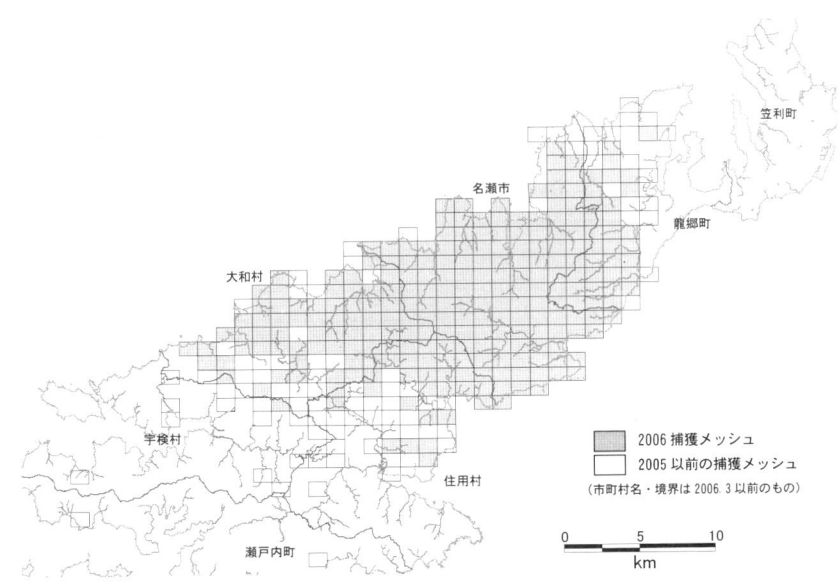

図1.5　奄美大島でのマングース防除事業の状況

ワナによる捕獲圧をかけることにより密度の低下を図ってきたが，捕獲効率が低下しており，低密度下で根絶に向けた対策を講ずる次の段階に移行しつつある．広域に分布が拡大したものをコントロールし，固有種の回復といった効果を検証する事例として，この事業から得られるデータが，定着した外来種への対策に活かされることを期待する．

外来種による影響への対応としては，農林水産業被害などの経済的な被害や生活環境被害といった，地域から被害防止の声がでやすいものについては，外来生物法の施行前から行政での対応もとられてきており，継続して取り組みが進められている．一方，生態系への被害については，自治体での取り組みが進みにくい面を持っている．

たとえば奄美のマングース対策の場合，農業被害がある時期には地方自治体から駆除への補助金も支出できたが，農地での影響が見られなくなり，生態系への影響への対応が主となると，補助金の支出が困難となった．

また，駆除は定着の初期に行うことが効果的であるが，目に見える被害をもたらさない定着初期の対応は現実には相当困難な課題である．外来種の予防，初期対応を行うには，地域の高い意識と対応を支える仕組みが必要不可欠であろう．

在来の鳥獣によって被害が生じる際には，鳥獣保護法に基づき捕獲などの対策をとっている．シカによる農林業被害対策などでは，個体群の維持と被害の軽減を両立させる計画を自治体が策定し，計画的な管理を行うことが進みつつある．

一方，外来種については，特定外来生物が野外に存在している場合は，すべからく排除しなければならないといった誤解が生じているおそれがある．

外来種の駆除であっても，農業被害の軽減，在来種への影響の軽減，といった具体的な目標があった上で実施すべきものである．特定外来生物であれば何でも駆除すべき，ひいては外来種であれば駆除すべきといった議論は現実的でない．

外来種への対策と在来の鳥獣対策との違いは，在来の鳥獣については個体群の維持と被害の軽減の両面からの検討が必要であるが，外来種は個体群の

維持という面での検討が必要ないことがある．また，定着すれば確実に被害が想定される外来種の場合には，定着の初期に，現に被害が生じているかどうかを問わず，対策が求められる，といった違いがある．

外来種による被害については，国外，あるいは地域外から持ち込まれることからもたらされる問題であることから，在来の鳥獣による被害とは発生のメカニズムが違い，予防の重要性が高い．しかし，すでに定着し，被害が生じている地域での被害の軽減については，目標の設定の違いはあるが，計画的で地域が一体となった被害軽減と駆除の取り組み，といった面で在来の鳥獣による被害と共通する事項は多い．これまで，地方自治体が中心となって進めてきた鳥獣被害対策で蓄積されたノウハウを活かしていくことが有効である．

（3）外来生物法の適用にあたって

特定外来生物の指定に際しては，影響が国内の特定の地域でのみ生じている種を指定して全国で規制することが適当かどうか，すでに国内で多数飼育されている種については，種指定によって大量に遺棄されることによる悪影響が懸念される，といった点が議論され，特定外来生物への指定がされなかったものもある．

外来生物法では，特定外来生物として指定された場合，輸入の禁止，飼養・栽培の禁止，運搬・保管の禁止，譲り渡しの禁止，放逐・植栽・播種の禁止がすべて適用される．輸入だけ規制して，国内での飼養や運搬は規制しないといった選択はできない仕組みである．輸入だけ規制し，国内で飼養することに規制をかけない場合には，WTO協定との関係で，差別待遇の手段とみなされるおそれがある．

外来種の規制は輸入制限をともなうため，WTOとの関係では，特定外来生物法の制定に際し，また，特定外来生物の指定に際してはその都度，WTO・SPS協定に基づき加盟国に事前に通報し，意見を聞くことが必要であり，国内の判断だけで法の制定，運用が図れるわけではない．

特定外来生物の指定に際しては，生態系等に係る被害を及ぼし，または及

ぼすおそれが「ある」か「ない」かの2つのカテゴリーに分かれる(図1.1参照).実際には,もたらされる被害の程度は種または地域によりさまざまであり,規制措置も一様でなければならないことはない.また,個別の試験研究目的なのか,ペット用の大量販売なのかといった使用方法によって,輸入する量や管理措置も大きく異なり,求める措置を変えることが適当な場合はある.しかし,現在,制度上そのような対応を行うことができない点が,この制度の1つの課題である.

飼養を許可制とした結果,セイヨウオオマルハナバチの許可件数が全国で14,000件に上っている.ハウス野菜の受粉用に使われているが,利用する農家から申請書を提出してもらい,ハウスの周りにハチの逸出防止用のネットを張ることなどを確認し,許可することとなる.図1.6は北海道の一部で許可された場所をプロットしたものであるが,実際に許可した箇所での管理状況を確認することは困難な数である.数多く産業利用されている種を指定し,管理することは現実には相当の困難を要する.

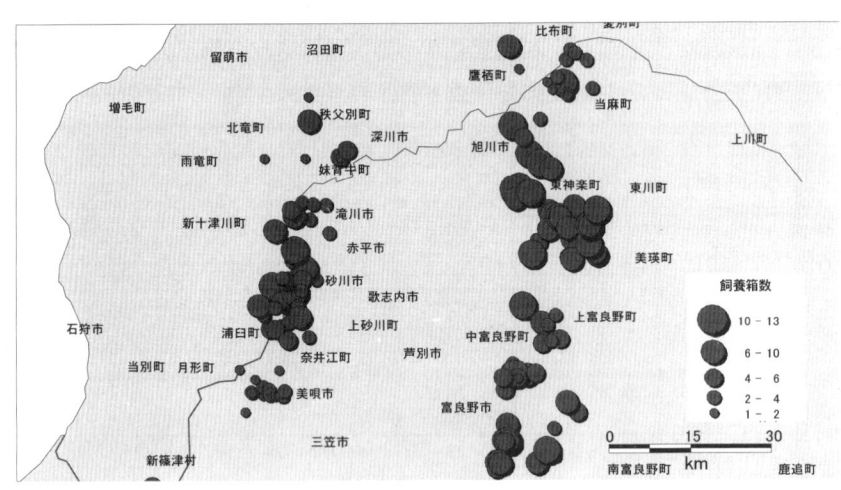

図1.6　北海道旭川市周辺でのセイヨウオオマルハナバチ飼養状況

（4）生態系への影響の評価

　未判定外来生物について，被害を及ぼすおそれがあるかないかの判定をする際には，国内の一部地域にでも定着の可能性がある場合には，被害を及ぼす「おそれがない」とする根拠を求めることは困難である．結果として未判定外来生物の判定は，ほとんどの種類が「おそれがある」という判定になってしまう．これは，被害の程度に関する定量的な評価が困難であり，どの程度のおそれがあるのかを明らかにできないことと関係している．

　外来種と同様に影響の定量的な評価が困難なものとして，遺伝子組換え生物が生態系に及ぼす影響の評価がある．現在「遺伝子組換え生物等の使用等の規制による生物の多様性の確保に関する法律」（カルタヘナ法）では，新規の遺伝子組換え生物を国内で使用する際には，生態系に及ぼす影響を評価することが求められる．在来種との競合，交雑などによって影響を及ぼすことがないかどうかを判断するという点では，外来種による影響の評価と類似する点が多い．カルタヘナ法では「生物多様性影響評価実施要領」（http://www.bch.biodic.go.jp/hourei1.html）により評価方法を定め，評価対象種によって影響を受ける可能性のある野生動植物の特定，影響の具体的内容の評価，影響の生じやすさの評価，影響を受ける野生動植物の種または個体群の維持に支障を及ぼすおそれがあるかどうかの判断，と段階を追って申請者がデータを収集し，評価すべきことを定めている．

　生物多様性影響が生ずるおそれの有無の判断では，実際には明確な基準がないため，トウモロコシやセイヨウナタネなど，これまで長期間の使用経験のあるものについては，従来の品種と比較して，導入した遺伝子の発現により競合性や交雑性といった性質に変化をもたらさないかどうかについて確認し，国内での使用を判断するという運用をしている．

　外来種に関しては，同様の方法が適用できるということではないが，リスクについて具体的な評価の方法を検討していくことが課題である．

（5）要注意外来生物リスト

　平成17年8月に公表された要注意外来生物リスト（http://www.env.go.jp

/nature/intro/1outline/caution/index.html）は，外来生物法に基づく規制の対象ではない．特定外来生物の選定の作業過程で，利用関係者に対する普及啓発を実施し，利用に際して注意などを促していくべきものとして選定され，公表された．リストに掲載された種は，その特徴や取扱に際して配慮すべき事項を積極的に公表することで，関係者へ適正な利用に向けた情報提供を行っている．

このリストは，特定外来生物の選定の過程で作成されたため，特定外来生物の候補種リストとして捉えられがちであるが，これらの種を順次特定外来生物として指定する予定となっているわけではない．

現に利用がなされている外来種に関しては，利用する場所や利用方法の配慮によって，懸念される影響が軽減されるのであれば，配慮した利用を進めることで対応することも可能である．このような配慮をリストを作って求めるのであれば，在来種であっても他の地域に導入されることによって影響を及ぼすおそれのあるものについて，リストに掲載し，利用する場合の配慮を促すことも考えられる．その場合は，地域レベルでの注意を要する種のリストの作成が必要となろう．

（6）当初の目標に近づいているか

2（1）でふれた2002年段階で生態学会が求めていた外来種対策の枠組みと対照して，現在の状況はどのようにとらえられるであろうか．

"意図的導入に関して輸入または国内利用に先立つリスク評価を行う"，という点に関しては，求められていた仕組みとはいささか違った形になっている．リスク評価の部分が，種を特定外来生物として指定するかどうかの「判定」として制度上仕組まれている．リスク評価の方法については定められておらず，リスクの大きさに応じた管理措置をとるという対応はできない．この判定のプロセスにデータに基づいた評価を組み込んでいくことは可能であるが，判定の帰結としてとられる措置が1種類しかない現状の仕組みでは，リスクの大きさ，生じる蓋然性といったものを評価してもその意味があまりない．

非意図的導入に対する対応は，外来生物法では効果的な対応はできない．
　"定着した外来種について優先的に駆除，制御するため，影響の大きさ，脅威の大きさに関しランク付けを行う"，という点については，明快な整理はされていない．その整理がなされていないため，特定外来生物に指定されたものは，とにかく駆除を進めるべきだといった考えで対応がなされている部分もあり，検討を要する．
　"管理対象となる種，地域に関して，生態学的な理解とモデルに基づく管理計画を策定し，地域住民とともにプログラムを実施する"という点については，最初から理想的な管理計画を望むことは困難である．生態学的なモデルに基づく管理はもちろん望ましいが，それを支えるデータがあまりにも少ない．しかし，各地で実施されている影響低減の試行錯誤の中で，明らかになってきている部分も多い．根絶が実際にはいかに困難でコストがかかるか，低密度管理に要するコストはどれほどか，といったデータが少しづつ集まりつつある．外来種に関しては，とにかく捕獲すればいいといった考えで対応がなされている場合もあるが，目標を明確にするという意味で，コスト計算も含めた実現可能な管理計画を持つことは重要である．

5．まとめ

　外来種問題と一口に言っても，絶滅のおそれのある生物に脅威を与えているもの，農作物に被害を与えているもの，さらに現に影響を与えている事実が確認できるものからおそれがあるものまで程度も様々であるなど，その課題は多岐にわたり多様である．
　外来生物法でカバーできる範囲は，意図的な輸入を中心とした部分であることは認識しておく必要がある．特定外来生物として指定されていないものは影響を及ぼすおそれがない，ということではないし，特定外来生物として指定されたものが日本中どこでも同じような被害を与えるのかといえば，これも事実ではない．影響を受ける対象が，人や農作物の場合は，全国的に被害の態様の差は少ないと思えるが，他の生物へのどの程度の影響の場合，被害の態様は様々である．また，被害が生じている場合でも，コストをかけて

対策を講ずるかは，社会的に決まってくるものである．

　外来種への対応は，「種」に対する対応という面もあるが，その地域で生じている影響の内容によって対応を個別に検討することが必要な場合が多い．外来種を，影響を与える種，与えない種と区別してそれぞれ一律の対応をすることで方向を誤ることのないよう注意すべきであろう．

引用文献

村上興正・鷲谷いづみ 2002. 外来種と外来種問題．日本生態学会編，外来種ハンドブック，地人書館，東京．3-4.

大曽根誠 2006. 動物の輸入届出制度と輸入の現状，モダンメディア 52巻11号：343-351.

植物検疫統計 http://www.pps.go.jp/TokeiWWW/tkwww_faq_details.htm

財務省貿易統計 http://www.customs.go.jp/toukei/info/index.htm

第2章
外来植物のリスクを評価し，その蔓延を防止する

藤井　義晴
農業環境技術研究所

1．はじめに

　新しくもたらされる外来植物はその導入が意図的であれ非意図的であれ，自然生態系や農業に悪影響をもたらすものがあり，水際で侵入を食い止めるべきものがある．しかし，緑化に利用して国土を守る目的で導入せざるを得ない植物もあるし，園芸用に美しい草花を導入して生活を豊かにし，ガーデニングを楽しみたいとするのも人情である．外来植物なしには，現在の豊かな食生活はあり得ないし，将来の食糧となる新しい外来植物の研究も重要である．園芸植物や牧草は，明治以降，あるいは第二次世界大戦後になって導入されたものが多いので，外国産の植物であるというはっきりとした認識があるが，米・大麦・小麦・トウモロコシ・ソバ・ジャガイモ・サツマイモ・白菜・カボチャなどのほとんどすべての作物も，もとをさかのぼれば外来植物である．雑穀とよばれ，日本に昔からあったと思われているキビ，アワ，ヒエなども，古く渡来したイネ科作物であり，ダイズ，アズキ，インゲン，ササゲ，エンドウ，ソラマメなどのマメ類も外来植物である．日本に固有のものは，山野に自生しているヤマノイモ（自然薯）（*Dioscorea japonica*）くらいであり，サトイモ（*Colocasia esculenta*）も古い時代に伝来した外来植物である（中尾，1966）．外来植物なしには，現在の豊かな食生活はあり得ない．
　まず，外来種の定義について考えたい．外来種は，過去あるいは現在の自然分布域外に導入された種（日本生態学会編　外来種ハンドブック，2002）と

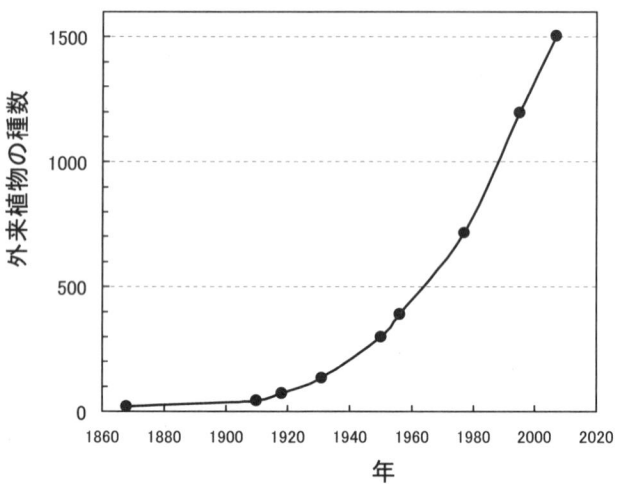

図2.1　日本の外来植物の種数の増加

定義され，一般に他の地域から人為的に持ち込まれたもの，あるいは偶然に持ち込まれたものをさす．この定義では，栽培植物の大部分は外来種となる．しかし，環境・生態分野では，特に野生化して世代交代を行い，生態系に定着するものを外来種ということが多い．また，最近成立した環境省の「外来生物法」では，外来生物を，「おおむね明治元年以降に渡来したもの」と定義している．外来植物の場合，明治以降爆発的に外来種数が増加し，とくに第二次世界大戦以降その増加が著しい（図2.1）．「日本帰化植物写真図鑑」（清水ら，2001）には600種の外来植物が紹介されている．「帰化植物を楽しむ」には約1,200種の外来植物の日本全国分布が記載されている（近田ら，2006）．日本生態学会では，日本の外来種リスト（http://www003.upp.so-net.ne.jp/consecol/alien_web/）を発表し，日本の侵略的外来種ワースト100を提案している（http://www003.upp.so-net.ne.jp/consecol/alien_web/japan_worst_list.html）．その内，植物は27種あげられている（表2.4欄外参照）．これらの植物のほとんどは，環境省が公開した「要注意外来生物」に採用されている（http://www.env.go.jp/nature/intro/1outline/caution/index.html）．2008年1月現在，要注意外来生物に挙げられた植物は，84種ある（表

2.4欄外参照).特定外来生物に指定された植物は,2008年1月現在で12種ある(表2.3参照)(http://www.env.go.jp/nature/intro/1outline/list/index.html).

このような特定外来生物の指定に対し,緑化や園芸に外来植物を利用する研究を行っておられる研究者から,十分な研究なしに指定することに対する批判がある(近藤,2005).これに対して,特定外来生物の選定に関わられた研究者からは,放置すれば日本の生態系に申告な影響を与えると判断したのでこれらを選定したと説明されている(角野,2005).

緑化植物に関する研究を行っておられる日本緑化工学会は,特定外来生物の選定について,学会として次のような意見を述べておられる(http://wwwsoc.nii.ac.jp/jsrt/opinion.doc).緑化植物は,災害復旧,防災,温暖化対策,景観改善,癒し効果など,生物多様性保全の他にもさまざまな社会的効用を有している.外来種が持つ,生物多様性に対する脅威について配慮することは重要であるが,災害に伴う土砂流出の抑制など,緑化に用いられた外来種が果たしてきた特別な役割についても評価することが必要である.一定の決まりを設けて,有用な外来種を適正に利用していくことも必要であり,特定外来植物の選定にあたっては,科学的根拠に基づいた判定をするべきである.また,すでに国内へ導入済みの植物については,分布状況・生育状況の全国的監視網を整備し,侵略性の判定基準を明確化することによって,適切な特定外来生物候補を選ぶべきであり,未導入の植物については,雑草リスクアセスメントシステム(WRA)などを用いて客観的判定が行われることが必要であるとしている.そして最終的に特定外来生物を指定する際には,さらに,社会的・経済的影響も考慮した上で,指定が真に効果的方法かどうかを検討するべきであると主張している.

これらの背景を受けて,私たちの研究グループは,特定外来生物の指定の根拠となる科学的な知見を得るため,2005年7月から,文部科学省科学技術振興調整費・重要課題解決型プロジェクトによる競争的資金に応募し,「外来生物のリスク評価と蔓延防止策」と題したプロジェクトを実施している.研究体制は,農業環境技術研究所を代表機関とし,畜産草地研究所,岡山大学,

① 外来植物が生物多様性に及ぼす影響の評価と要注意植物の選定
　・外来植物蔓延の実態把握と要因解明.
　・外来植物の化学生態的特性の評価.
　・要注意植物の選定.
② 新たな外来植物のリスク評価法の開発と要注意植物の選定
　・侵入経路の特定,定着と拡散機構の解明,分布拡大予測.
　・リスク評価用データベース構築.
　・外来植物リスク評価法の策定.
③ 外来植物の蔓延防止技術の開発
　・化学的方法（除草剤等の利用），生物的方法（在来被覆植物の利用），
　　機械的方法（除草機械や刈り払い等）の検討.
　・以上の技術を統合した蔓延防止と植生復元技術の開発.

図 2.2　研究のミッションステートメント
科振調重要課題解決型プロジェクト「外来植物のリスク評価と蔓延防止策」

植物化学調節剤研究協会研究所，雪印種苗の5機関が参画している．このプロジェクトの目的（ミッションステートメント）を図2.2に示す．具体的に，1：外来植物が生物多様性に及ぼす影響評価と要注意植物の選定．2：外来植物のリスク評価法の策定，3：外来植物の蔓延防止技術の開発，の3つの部分に分かれて実施している．外来生物法が施行された平成17年度に研究が採択され，緊急に実施することとなった．この大きな目的を完璧に達成したとは言えないが，その主な成果の概略，および残された問題点について概説したい．

2．外来植物が生物多様性に及ぼす影響評価と要注意植物の選定

（1）農村における外来植物の出現状況

農業環境技術研究所で開発した「調査・情報システムRuLIS」（楠本ら，農業環境研究成果情報，2006）を用いて，利根川流域，筑波稲敷台地，渡良瀬地区，印旛沼地区（以上関東地域），および加賀三湖地区，河北潟地区（以上北陸地域）の調査データを利用して農村における外来植物の出現状況を整理した．その結果，外来植物の出現はいくつかのパターンに分けられることが分かった．たとえば，さまざまな立地や群落タイプに出現するものとして，セ

イタカアワダチソウ，アメリカセンダングサ，アメリカタカサブロウ，アメリカアゼナがある．これに対し，特定の立地，群落タイプに出現するものとして，ヒメジョオン，ハルジオン，シロツメクサなどは畦畔と乾性一年生草優占群落に出現しやすい．一方，出現した場合に被度が高いものとして，セイタカアワダチソウとハキダメギクがあった．

（2）特定外来生物（植物）と要注意外来生物（植物）の全国分布概況調査

　農林水産省による土地改良施設周辺を対象とした全国調査データを使わせていただいた．その結果，アレチウリ，オオフサモ，ボタンウキクサなどの特定外来生物については，まだ全国的に蔓延していないが，特定の地域での出現が確認されることから，分布が拡大する過程にあるものと考えられた．要注意外来植物については，セイタカアワダチソウやオオアレチノギクなどが，多くの地域で蔓延しているものの，北海道地域で出現頻度が低いことから，気候的な制限があると考えられた．一方，アメリカセンダングサ，ヒメジョオン，ヒメムカシヨモギ等は，そのような気候区分的立地に係わらず，全国的に蔓延していることが明らかになった．また，アメリカタカサブロウ（1981年に発見，梅本，1997，1999）が短い年数で急速に分布を拡大していることが示唆された．今後，その拡大について注意する必要がある．また，流域レベルの解析により，セイタカアワダチソウ，アメリカセンダングサなどが，流域全体の多様な立地で生育可能なことが明らかになった．

　特に，特定外来生物に指定されているナガエツルノゲイトウは，隣国の中国では全国各地に蔓延して甚大な農業被害を与えている（図2.3）．日本では，千葉県印旛沼に侵入を開始し，その後兵庫県・佐賀県・滋賀県・静岡県などでも発見された．多様な立地で生育可能であり，今後の蔓延が懸念され，最も注意すべき外来植物と考えられた．また，全国を対象にした被害状況のアンケート結果から，特定外来生物，要注意外来生物を含む17科20種の外来植物が農業水利施設や生態系に影響を及ぼしている実態を調べた結果，とくに被害が大きいものは，ボタンウキクサ（特定外来生物），オオフサモ

図 2.3　水路を埋め尽くすナガエツルノゲイトウ
(中国・安徽省里岡村で 2007 年 11 月撮影)

(特定外来生物),ホテイアオイ(要注意外来生物)であり,ナガエツルノゲイトウについても,蔓延している千葉県では農業水利施設と生態系への影響が報告された.また,水生植物のキショウブ(要注意外来生物)は,園芸植物からの逸脱により,ホソバイヌタデなどの絶滅危惧種の圧迫(福井県)やカキツバタ群落を圧迫していることがわかった.

(3) 侵略的外来植物の蔓延特性の解明

　オオブタクサ,アレチウリは,林縁的な立地環境によく出現する傾向を示した.オオブタクサの植物高は,調査地点によって大きく異なったが,とくに地理的な傾向は認められなかった.

　調査地の植生は,カナムグラーイシミカワ群落,オギーヨシ群落,アレチウリークサヨシ群落,オオブタクサーセイタカアワダチソウ群落の 4 タイプに分類された.これらのうち,アレチウリはカナムグラーイシミカワ群落とアレチウリークサヨシ群落に,オオブタクサはカナムグラーイシミカワ群落

とオオブタクサ-セイタカアワダチソウ群落に良く出現した（川田ら，2007）．

　対象外来植物2種の相対被度と在来植物種の出現種数との間には，アレチウリでは有意な負の相関関係が認められたが，オオブタクサでは有意な正の相関関係が認められた．このことは，オオブタクサよりもアレチウリの方が在来植物に対して強い負の影響をもたらすことを示唆している（川田ら，2007）．

（4）外来植物（タンポポ）の雑種後代に見られる生理・生態的特性の解明

　農業環境技術研究所では，従来，その形態からセイヨウタンポポであると思われていたが，遺伝子を解析すると，その多くが日本産タンポポとの雑種であることがわかってきた．この違いは外見でも識別可能である（芝池，2005，2007）．そこで，これらの雑種タンポポの生理生態的特性を調べた結果，セイヨウタンポポや3倍体雑種では大半のクローンが稔性のある花粉を形成するのに対し，4倍体雑種では葯中に花粉が形成されないことが明らかとなった．一方，雄核単為生殖雑種では，花粉形成の有無やその稔性が同一クローンに属する個体間において異なることが判明した．開花開始日や開花期間はクローン間で大きく異なるが，遺伝的変異が大きい3倍体雑種で長期にわたる開花が観察されたのに対して，遺伝的変異の小さい4倍体雑種の開花期は短期間に集中する傾向がみられた．また，雑種性タンポポの種子生産は無融合生殖によることが明らかとなった．さらに，全国にある標本の遺伝子を解析することにより，雑種がいつ発生したのかについて解析中であるが，少なくとも30年以上前には発生していることを見いだしている．

（5）外来植物の化学生態的特性の評価と他感物質の同定

　他感作用（Allelopathy：アレロパシー）は，植物から放出される天然化学物質が，他の植物・微生物・昆虫・動物等に，阻害・促進，あるいはその他の何らかの影響を及ぼす現象であり，光や養分・水分の競合よりも直接の作

用は小さいが，これらの競合と合わさったときに大きな作用を及ぼすことが知られている．そのため，被覆植物による雑草抑制において重要であり，土壌の関与のない水生植物でも大きな作用をしていると考えられている．植物にのみ含まれ，二次代謝物質として知られるアルカロイドやフラボノイド等の特異的な成分の存在意義は，他感作用であるとする「他感作用仮説」が提唱され，植物の生き残り戦略の1つではないかと考えられている（藤井，2000）．近年，侵略的な外来生物が，他感物質を，新しく侵入した土地で蔓延するための武器として用いているとする「新兵器仮説」が提案され（Callaway, 2000），他感作用が生態系へ及ぼす影響評価が必要とされている．これまでに報告のある他感作用活性の強い外来植物，例えばセイタカアワダチソウやメスキート，ハリエンジュ，ヒマワリヒヨドリなどは，最も問題となる侵略的外来植物であり，在来種を抑圧したりする可能性が報告されている．そこで，これまでに開発した他感作用を特異的に検出・評価する生物検定法を用いて，外来植物の他感作用活性を網羅的に測定した．

5.1 外来植物の他感作用の検索

新たに導入・侵入する可能性のある外来植物600種（雑草・ワイルドフラワー・牧草など）を雪印種苗を経由してイギリスおよびアメリカから購入し，根から滲出される物質による作用を検定するプラントボックス法と，葉から溶脱する物質による作用を検定するサンドイッチ法で検定した．プラントボックス法で強い阻害活性を示した外来植物は，ツノアイアシ（*Rottboellia exaltata*），ホソバチカラシバ（*Pennisetum setosum*），オオバコキビ（*Brachiaria plantaginea*）等であった．また，*Anisantha madritensis*, *Avena strigosa*, *Avena sterilis*などのイネ科植物にも強い活性があった（藤井ら，2007）．サンドイッチ法で強い活性を示した植物は，*Melilotus sulcata*, *Sisymbrium erysimoides*, *Cochlearia officinalis*, *Papaver hybridum*, *Vulpia myuros*, *Bromus rubens*などであった（菅野ら，2007）．

江戸時代以降に渡来した外来植物827種，史前帰化植物を含む在来植物568種の間のサンドイッチ法による検定結果の平均値には有意差がなかった．外来植物では，オオホザキアヤメ科の*Costus*とシュウカイドウ科の*Be-*

表 2.1　今後導入される可能性のある外来植物600種のアレロパシー活性の検定結果 (1)
(抜粋, データは追加・変更の可能性あり)

学名	和名	科名	SW法	DP法	PB法	総合評価
Abutilon theophrasti	イチビ	アオイ科	31	105	21	1
Aegilops cylindrica	ヤギムギ	イネ科	60	111	27	1
Agropyron repens		イネ科	44	119	60	0
Agrostis canina	ヒメヌカボ	イネ科	36	97	29	0
Agrostis capillaris	イトコヌカグサ	イネ科	42	90	24	1
Agrostis castellana		イネ科	46	106	43	0
Agrostis gigantea		イネ科	43	88	43	0
Agrostis stolonifera		イネ科	56	100	43	0
Agrostis tenuis		イネ科	41	106	37	0
Alopecurus geniculatus		イネ科	64	134	95	0
Alopecurus myosuroides		イネ科	31	91	61	0
Alopecurus pratensis		イネ科	63	88	38	0
Althaea officinalis	ヒロードアオイ	アオイ科	41	109	41	0
Amaranthus albus		ヒユ科	47	106	50	0
Amaranthus lividus	イヌビユ	ヒユ科	40	107	30	0
Amaranthus palmeri	オオホナガアオゲイトウ	ヒユ科	25	76	53	1
Amaranthus rudis		ヒユ科	31	100	60	0
Amaranthus spinosus		ヒユ科	42	86	64	0
Amaranthus thumbergii		ヒユ科	27	100	31	0
Ammi majus		セリ科	44	92	15	1
Anisantha madritensis		イネ科	21	86	7	2
Anisantha rigida		イネ科	50	96	24	1
Anoda cristata		アオイ科	44	89	64	0
Anthriscus caucalis		セリ科	41	59	57	1
Apera spica-venti	セイヨウヌカボ	イネ科	24	96	34	1
Arctium minus		セリ科	56	93	48	0
Argemone mexicana	アザミゲシ	ケシ科	38	98	24	1
Artemesia vulgaris		セリ科	34	123	39	0
Astragalus danicus	クロガクモメンヅル	マメ科	23	95	35	1
Avena fatua	カラスムギ	イネ科	32	101	16	1
Avena sterilis		イネ科	38	95	10	1
Brachiaria decumbens	シグナルグラス	イネ科	24	88	28	2
Bromus arvensis		イネ科	41	79	29	0
Bromus hordeaceus		イネ科	58	115	43	0
Bromus lanceolatus		イネ科	58	85	27	1
Bromus racemosus		イネ科	78	98	18	1
Bromus rubens	チャボチャヒキ	イネ科	20	105	22	2
Bromus secalinus		イネ科	36	83	63	0
Bromus sterilis	アレチノチャヒキ	イネ科	23	65	20	3
Camelina sativa	ナガミノアマナズナ	ツバキ科	28	95	22	1
Cardamine pratensis		アブラナ科	26	48	37	2

表2.1 今後導入される可能性のある外来植物600種のアレロパシー活性の検定結果 (2)

学名	和名	科名	SW法	DP法	PB法	総合評価
Cenchrus longispinus		セリ科	39	106	57	0
Centaurea maculosa	ヤグルマギク類	セリ科	33	83	29	0
Centaurea phrygia		セリ科	40	91	84	0
Centaurium erythraea	ベニバナセンブリ	リンドウ科	53	0	60	1
Centaurium tenuiflorum	ハナハマセンブリ	リンドウ科	28	11	70	1
Centrosema pubescens	ムラサキチョウマメモドキ	マメ科	40	105	46	0
Cerastium frontanum	ミミナグサ	ナデシコ科	20	98	47	1
Cerastium glomeratum	オランダミミナグサ	ナデシコ科	55	105	55	0
Chamaenerion angustifolium	ヤナギラン	アカバナ科	17	106	40	1
Chloris gayana	ローズグラス	イネ科	31	100	47	0
Chrysanthemum parthenium		キク科	42	95	85	0
Cichorium intybus	セリニガナ	セリ科	74	91	47	0
Cnicus benedictus	サントリソウ	セリ科	46	69	48	1
Cochlearia danica	トモシリソウ	アブラナ科	37	20	28	2
Cochlearia officinalis	ヤクヨウトモシリソウ	アブラナ科	15	115	28	2
Conium maculatum	ドクニンジン	セリ科	33	85	25	1
Consolida orientalis	ルリヒエンソウ	キンポウゲ科	42	61	13	2
Crepis capillaris		セリ科	39	100	59	0
Criteson secalinum		イネ科	39	90	47	0
Cymbopogon citratus	レモングラス	イネ科	47	126	39	0
Cyperus difformis	タマガヤツリ	カヤツリグサ科	35	74	75	1
Cyperus fuscus		カヤツリグサ科	62	95	77	0
Dactylis glomerata	カモガヤ	イネ科	39	86	32	0
Dactylocenium aegyptum	タツノツメガヤ	イネ科	16	107	20	2
Datura stramonium	ヨウシュチョウセンアサガオ	ナス科	33	63	10	2
Deschampsia flexuosa	コメススキ	イネ科	45	105	82	0
Desmodium ovalifolium		マメ科	77	94	24	1
Digitalis purpurea		ゴマノハグサ科	44	104	38	0
Digitaria adscendens		イネ科	27	111	58	0
Digitaria ischaemum		イネ科	50	115	82	0
Diplotaxis muralis		アブラナ科	22	90	27	2
Dipsacus fullonum		マツムシソウ科	66	112	83	0
Dipsacus pilosus		マツムシソウ科	54	130	58	0
Dipsacus sylvestris		マツムシソウ科	66	116	77	0
Echinochloa colonum		イネ科	26	99	71	1
Echinochloa crus galli		イネ科	23	90	42	1
Echinochloa frumentacea		イネ科	38	109	55	0
Echinochloa hispidula		イネ科	46	109	68	0
Echinochloa oryzzoides	ノゲタイヌビエ	イネ科	25	94	30	1
Echinochloa utilis		イネ科	22	131	54	1

表2.1 今後導入される可能性のある外来植物600種のアレロパシー活性の検定結果 (3)

学名	和名	科名	SW法	DP法	PB法	総合評価
Echium italicum		ムラサキ科	73	89	41	0
Echium plantagineum	シャゼンムラサキ	ムラサキ科	28	129	43	0
Echium vulgare	シベナガムラサキ	ムラサキ科	39	107	46	0
Eclipta alba		セリ科	82	124	79	0
Eclipta erecta		セリ科	96	96	62	0
Eclipta prostrata		セリ科	77	107	79	0
Eleusine indica	シコクビエ	イネ科	19	135	22	2
Emex australis		タデ科	60	107	54	0
Emex spinosa	イヌスイバ	タデ科	57	92	69	0
Erodium cicutarium		フウロソウ科	69	131	21	1
Erysimum orientale		アブラナ科	39	111	16	1
Eupatorium cannabinum	タイワンヒヨドリ	セリ科	37	97	48	0
Euphorbia corollata		トウダイグサ科	18	64	17	3
Euphorbia cyparissias		トウダイグサ科	80	136	39	0
Euphrasia rostkoviana		ゴマノハグサ科	63	97	75	0
Festuca arundinacea		イネ科	35	110	61	0
Festuca ovina		イネ科	61	97	29	0
Fimbristylis littoralis		カヤツリグサ科	47	127	79	0
Fimbristylis milliacea		カヤツリグサ科	33	100	85	0
Fumaria capreolata	ニセカラクサケマン	ケシ科	27	153	30	0
Galium mollugo		アカネ科	39	100	54	0
Geranium molle		フウロソウ科	77	77	21	1
Geranium pratense		フウロソウ科	57	104	38	0
Geranium pusillum		フウロソウ科	72	117	37	0
Geranium pyrenaicum		フウロソウ科	82	89	39	0
Geranium robertianum		フウロソウ科	56	98	33	0
Geum rivale		バラ科	73	115	72	0
Geum urbanum		バラ科	56	102	74	0
Guizotia abyssinica	キバナタカサブロウ	セリ科	37	115	65	0
Hirschfeldia incana	アレチガラシ	アブラナ科	17	112	22	2
Holcus lanatus	シラケガヤ	イネ科	20	100	46	1
Hyoscyamus niger	ヒヨス	ナス科	14	27	47	2
Hypochaeris glabra		セリ科	81	101	79	0
Hypochaeris radicata	ブタナ	セリ科	78	88	69	0
Ipomoea aquatica		ヒルガオ科	25	96	57	1
Ipomoea hederacea		ヒルガオ科	45	84	66	0
Ipomoea lacunosa		ヒルガオ科	75	109	72	0
Isatis tinctoria	ハマタイセイ	アブラナ科	42	71	25	2
Juncus articulatus		イグサ科	54	88	83	0
Juncus bufonius		イグサ科	49	111	40	0
Kichxia commutata		ゴマノハグサ科	15	92	59	1

表2.1 今後導入される可能性のある外来植物600種のアレロパシー活性の検定結果 (4)

学名	和名	科名	SW法	DP法	PB法	総合評価
Lathyrus latifolius		マメ科	23	110	59	1
Lathyrus nissolia		マメ科	47	77	43	0
Lathyrus phaseoloides		マメ科	36	122	40	0
Legousia speculum veneris	オオミゾカクシ	キキョウ科	42	115	37	0
Leontodon autumnalis		セリ科	51	96	72	0
Leontodon hispidus		セリ科	69	130	61	0
Leontodon taraxacoides	カワリミタンポポ	セリ科	50	74	51	1
Lepidum sativum	コショウソウ	アブラナ科	36	94	38	0
Lespedeza striata		フトモモ科	68	138	27	1
Leucanthemum vulgare	フランスギク	セリ科	35	113	61	0
Lolium multiflorum		イネ科	24	84	56	1
Lolium rigidum		イネ科	29	114	81	0
Lolium temulentum		イネ科	50	118	60	0
Lotus corniculatus		マメ科	40	18	61	1
Lupinus perennis		マメ科	68	115	36	0
Lychinis viscaria		ナデシコ科	48	99	32	0
Malva alcea		アオイ科	26	108	54	1
Malva hirsuta		アオイ科	24	100	81	1
Malva neglecta	ゼニバアオイ	アオイ科	21	48	29	2
Malva parviflora	ウサギアオイ	アオイ科	12	88	34	1
Marubium vulgare	ニガハッカ	シソ科	26	107	83	1
Matricaria discoidea		セリ科	63	119	92	0
Matricaria inodora		セリ科	70	110	57	0
Matricaria maritima		セリ科	32	110	47	0
Matricaria perforata		セリ科	65	108	102	0
Matricaria recutita		セリ科	30	98	61	0
Matricaria suaveolens		セリ科	50	93	94	0
Medicago lupulina		マメ科	45	88	28	1
Medicago sativa		マメ科	28	91	39	0
Melandrium album	マツヨイセンノウ	ナデシコ科	58	93	28	1
Melandrium rubrum		ナデシコ科	37	109	31	0
Melilotus albus	シロバナシナガワハギ	マメ科	13	61	29	2
Melilotus officinalis	セイヨウエビラハギ	マメ科	2	62	19	3
Melilotus sulcata		マメ科	1	37	30	2
Mentha arvensis		シソ科	32	75	97	1
Myosotis arvensis		ムラサキ科	64	88	37	0
Nicotiana sylvestris		ナス科	71	100	40	0
Oenanthe crocata		セリ科	25	95	93	1

表 2.1 今後導入される可能性のある外来植物600種のアレロパシー活性の検定結果 (5)

学名	和名	科名	SW法	DP法	PB法	総合評価
Oenothera erythrosepala		アカバナ科	65	113	47	0
Onobrychis viciifolia		マメ科	64	105	49	0
Ononis spinosa	ハリモクシュク	マメ科	45	68	32	1
Panicum clandestinum		イネ科	39	95	39	0
Panicum miliaceum		イネ科	58	81	31	0
Panicum virgatum		イネ科	45	104	62	0
Papaver dubium	ナガミヒナゲシ	ケシ科	44	98	25	1
Papaver hybridum	トゲミゲシ	ケシ科	17	104	17	2
Paspalum scrobiculatum		イネ科	40	112	65	0
Pennisetum glaucum	トウジンビエ	イネ科	36	113	30	0
Phalaris aquatica	オニクサヨシ	イネ科	49	42	26	2
Phalaris canariensis	カナリークサヨシ	イネ科	50	94	34	0
Phalaris minor	ヒメカナリークサヨシ	イネ科	26	86	39	1
Physalis alkekengi	ヨオシュホウズキ	ナス科	60	88	40	0
Picris echioides	ハリゲコウゾリナ	セリ科	54	109	46	0
Pimpinella anisum	アニス	セリ科	25	100	56	1
Plantago lanceolata	ヘラオオバコ	オオバコ科	76	101	75	0
Poa pratensis		イネ科	53	122	55	0
Poa trivialis	オオスズメノカタビラ	イネ科	32	119	34	0
Poterium sanguisorba		バラ科	63	89	47	0
Prunella vulgaris		シソ科	76	86	91	0
Puccinellia distans	アレチタチドジョウツナギ	イネ科	15	20	64	2
Pueraria javanica		マメ科	38	122	33	0
Ricinus gibsonii		アカネ科	45	102	75	0
Rorippa austriaca	ミミイヌガラシ	アブラナ科	16	78	53	1
Rottboellia exaltata	ツノアイアシ	イネ科	63	108	35	0
Rubus fruticosus		バラ科	24	90	67	1
Rumex conglomeratus	アレチギシギシ	タデ科	73	92	85	0
Rumex crispus		タデ科	72	147	70	0
Rumex hydrolapathum		タデ科	79	95	75	0
Rumex patientia		タデ科	84	96	60	0
Rumex rupestris		タデ科	76	103	78	0
Rumex sanguineus		タデ科	71	128	82	0
Rumex stenophyllus		タデ科	55	123	70	0
Sagina subulata		ナデシコ科	31	81	53	0
Salvia hormoroides		シソ科	59	103	23	1
Sanguisorba minor	オランダワレモコウ	バラ科	70	83	70	0
Senecio jacobaea		セリ科	42	141	43	0
Senecio vulgaris	ノボロギク	セリ科	37	103	77	0
Sesbania exaltata		マメ科	16	99	45	1

表2.1　今後導入される可能性のある外来植物600種のアレロパシー活性の検定結果（6）

学名	和名	科名	SW法	DP法	PB法	総合評価
Setaria faberi	アキノエノコログサ	イネ科	24	124	23	2
Setaria macrostachia		イネ科	25	99	37	1
Setaria verticillata	ザラツキエノコログサ	イネ科	28	71	29	1
Setaria viridis	エノコログサ	イネ科	19	86	26	2
Sida alba		アオイ科	9	114	51	1
Sida rhombifolia		アオイ科	35	100	71	0
Sida spinosa		アオイ科	58	121	46	0
Sison ammonum		セリ科	72	114	56	0
Sorghum bicolor	ソルガム	イネ科	21	80	21	2
Sorghum sudanense	スーダングラス	イネ科	38	30	18	2
Spergularia bocconei	ウシオハナツメクサ	ナデシコ科	36	99	44	0
Sporobolus cryptandrus		イネ科	51	122	30	0
Stachys annua		シソ科	32	106	54	0
Tanacetum vulgare	ヨモギギク	セリ科	38	80	93	0
Tephrosia purpurea		マメ科	22	133	35	1
Trifolium album		マメ科	29	110	15	1
Trifolium arvense		マメ科	51	121	48	0
Trifolium campestre		マメ科	59	119	42	0
Trifolium dubium	コメツブツメクサ	マメ科	52	82	21	1
Trifolium pratense	アカツメクサ	マメ科	56	110	65	0
Tripleurospermum maritimum		セリ科	59	98	70	0
Verbascum nigrum		ゴマノハグサ科	72	126	43	0
Verbascum thapsus	ビロードモウズイカ	ゴマノハグサ科	69	101	24	1
Verbena officinalis		クマツヅラ科	77	87	82	0
Veronica anagalloides		ゴマノハグサ科	52	148	97	0
Veronica persica		ゴマノハグサ科	39	117	46	0
Vicia hirsuta	スズメノエンドウ	マメ科	29	77	3	1
Vulpia bromoides		イネ科	46	81	46	0
Vulpia myuros	ナギナタガヤ	イネ科	18	81	30	1
Xanthium spinosum		セリ科	21	104	64	1
Xanthium strumarium		セリ科	42	120	79	0

注1）SW法は葉から溶脱する物質による活性を，DP法は葉から揮発する物質による活性を，PB法は根から滲出する物質による活性を示す．
注2）表注の数字は，検定植物レタスの生育率（％）を表しており，数値が小さいほどアレロパシーによる阻害活性が強いことを示す．
注3）判断基準は，それぞれの活性の全てのデータの平均値から標準偏差を引いた値よりも小さい場合，活性が強いとした．

gonia が強い阻害活性を示した．ツツジ科，キョウチクトウ科，マメ科，バンレイシ科，ヤブコウジ科の植物も強い活性を示した．

これまでに，葉から出る物質による作用を検定するサンドイッチ法では約4,000種，根から出る物質による作用を検定するプラントボックス法では約1,200種，揮発性物質による作用を検定するディッシュパック法では約600種の検定を行ってきた．これらの結果のうち，新たに侵入する可能性のある外来植物の結果の一部を表2.1にまとめた．

5.2 外来植物の他感物質の同定

寒冷地で雑草化し，強い他感作用活性が示されたコンフリーの葉から，生物検定法を指標として活性本体を分離精製した結果，植物生育阻害作用の本体として，ロスマリン酸と4-ヒドロキシ桂皮酸を検出した．作用活性と濃度から，ロスマリン酸（rosemarinic acid，図2.4）の寄与が高いと考えられる（Zahida *et al.*, 2006）．

小笠原の父島に生育する植物の他感作用活性を，サンドイッチ法で検定した結果，外来植物で最も強い活性を持っているのはギンネムであり，アカギがこれに次ぐ活性を示した．そこで，小笠原父島で採取したアカギの葉から

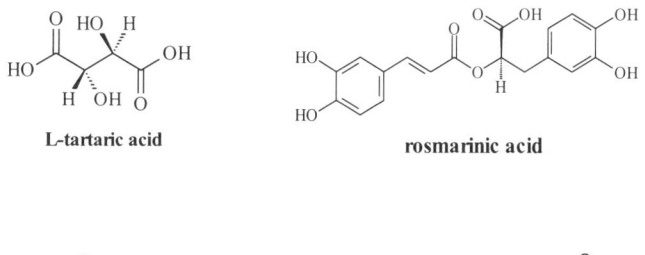

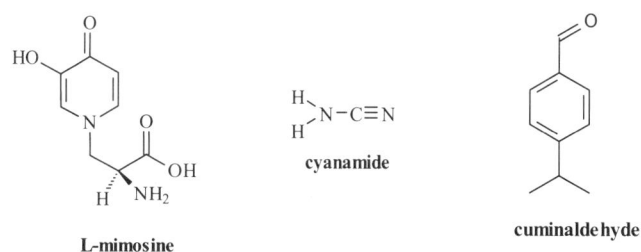

図2.4　外来植物から見いだされた他感物質

溶媒分画法で植物成育阻害成分を分析した結果，作用本体として，乾物あたり２％以上含まれるL-酒石酸（L- tartaric acid, 図2.4）を検出した（山谷ら，2006）．また，ギンネムの他感作用の本体として，葉に４％含まれるL-ミモシン（L- mimosine, 図2.4）を同定した（山谷ら，2006）．

特定外来生物に指定されたミズヒマワリには，水生植物で最強の他感作用活性が認められたので，作用成分を分析した結果，メタノール画分に活性を検出した．

その花から良質の蜂蜜がとれることできわめて有用なハリエンジュ（ニセアカシア）は，長野県の河川敷等で蔓延して在来の樹木を抑圧するとされている．また，その下草が特異で特定の植物しか生育しないことから他感作用現象が報告されている．そこで，ハリエンジュの他感作用を検定した結果，プラントボックス法でもサンドイッチ法でも強い活性を検出した．すなわち，根からも，葉からも強い生育阻害物質が分泌されていることが示唆された．そこで，その作用成分を分析した結果，(－)-カテキン等のカテコール性フェノール化合物と，ロビネチンなどの特異なアルカロイドを検出した．しかし，さらに分析を継続した結果，多量のシアナミド（cyanamide, 図2.4）が含まれることを明らかにした（Kamo et al., 2008）．植物体に含まれる濃度と植物生育阻害活性の比較から，シアナミドが他感作用の本体である可能性が高い．また，外来の薬用植物約50種の検定を行った結果，イラン原産のニオイクロタネソウ（ブラッククミン，*Nigella sativa* L.）に含まれる揮発性の他感物質として，クミンアルデヒド（cuminaldehyde, 図2.3）を同定した（Sekine et al., 2007）．

（6）外来植物の生育と定着に影響を及ぼす土壌の化学的特性の解明

性質の異なる123点の土壌について土壌分析を行い，外来植物が定着しやすい土壌因子を，植物群落タイプとの関係で調べた．化学的特性が異なる６種類の土壌（非アロフェン黒ぼく土，赤黄色土，アロフェン黒ぼく土，灰色沖積土，赤褐色石灰質土，対照土壌）で外来植物を栽培して生育特性を調査し

た結果，pH（H_2O）≦5.7かつ有効態P＜20の日本固有の土壌には在来植物が優占し外来植物が入り込みにくいことがわかった．逆に，外来植物が優占し在来植物が入り込みにくい土壌は，大部分がpH（H_2O）＞5.7あるいはpH（H_2O）≦5.7でも有効態P＞20の土壌であった（森田ら，2007）．日本固有の酸性土壌の改善と施肥は外来植物の生育に好適な環境を与えていることが明らかとなった．「日本の特徴的土壌には外来植物は侵入しにくい」という仮説は，本来日本固有の植物に好適な環境をもたらしていた土壌が，環境の人為的な変化によって，外来植物の蔓延を引きおこす要因になっていることを意味しており，外来植物の定着と蔓延を防止する上で重要な仮説であると考える．今後さらにデータを増やして検証する必要がある．

（7）水生植物の実態調査と防除法の開発

岡山大学環境理工学部の沖らのグループが，水生の外来植物の侵入実態とその防除に関する研究を分担した．水生植物は，FAOによる雑草性リスク指標で最高の3点を与えられている．この指標で2番目に重視され2点を与えられている「人間活動で広がる」にも，アクアリウムや金魚鉢での鑑賞用水草や園芸植物が多いことから，該当することが多い．その多くは茎が千切れて無性生殖で旺盛に再生することから，ほとんどの園芸用水生植物がFAO指標の6点以上をとることになってしまう．岡山大学で水生植物の蔓延実態を調べた結果，河川ではオオカナダモが，農地周辺の用排水路ではハゴロモモ，コカナダモ，ホテイアオイ，ボタンウキクサ，ミジンコウキクサ，キショウブ，オオフサモが問題となっていることが判明した．とくに，用排水路では，沈水植物の半数が外来種であった．

特定外来生物に指定され，淀川など各地の河川で大発生して社会問題となっているボタンウキクサを調べた結果，ホテイアオイが，4日で2倍に増殖するのに対し，3日で2倍に増殖することがわかった．好適条件下では，1ヶ月で1,000倍に増殖する．ボタンウキクサには，葉が牡丹の花のようにまとまった園芸種に多い型と，英語名のウオーターレタスが示すように，結球しないレタスのように広がった型の2種があることがわかった．各地で雑草化し

ているのは後者が多かった．その防除法としては，発生初期の春先に機械的に徹底的に除去することが必要であることがわかった．

3．外来植物のリスク評価法の開発と要注意植物の選定

（1）輸入飼料や穀物に含まれる除草剤抵抗性雑草の拡散予測

輸入大豆や穀物などの食糧の場合，0.5％以下のダストの混入は認められている．このようなダストには，原産地の雑草種子が混入していることが既に報告されている（清水ら，1995）．そこで，このような雑草種子に，除草剤抵抗性雑草が混入してくる危険性について評価した．まず，日本に対する主要穀物輸出国であるアメリカ，カナダおよびオーストラリアの小麦耕作地で報告されている除草剤抵抗性雑草について文献調査を行った．アメリカの小麦耕作畑で報告されている除草剤抵抗性雑草11種のうち8種，カナダの小麦耕作畑で報告されている除草剤抵抗性雑草12種のうち9種，オーストラリアの小麦耕作畑で報告されている除草剤抵抗性雑草20種のうち12種は日本の帰化あるいは導入植物あった．アメリカの小麦場耕作畑において抵抗性雑草の発生が報告されている除草剤で最も頻度が高かったのはフェノキシ酸系のclodinafop propargylで次がスルホニル尿素系のchlorsulfuronであった．次に，実際に輸入された小麦を用いて，混入していた雑草種を調べた．その結果，アメリカ産に54種，カナダ産に41種，オーストラリア産に40種，計75種の雑草が同定された．混入種子は，イネ科が数・種類ともに最も多く，ついでアブラナ科が多かった．畑での出現頻度が高いキク科の混入量は少なかった．いずれの場合も混入率は比較的低く，日本の輸入基準である0.5％以下であった．混入量が多く，日本での問題雑草化が報告されているものとして，カラスムギ，ウマノチャヒキ，エノコログサ，ソバカズラがあげられた．逆に，ドクムギ属（*Lolium persicum*）とホウキギ（*Kochia scoparia*）は混入量が多かったにも関わらず日本における問題雑草化の報告はなく，種子の生存期間の短さ（1年以内に95％が死亡）が関わっているのではないかと考えられた（Shimono & Konuma, 2008）．今後，これらの雑草の侵入と拡大については十分注意を払い，水際で食い止める必要がある．

2 外来植物のリスクを評価し，その蔓延を防止する　37

（2）侵入外来植物リスク評価用データベースの開発
2.1 外来植物の標本・種子データベースの開発

　岡山大学資源生物科学研究所では，以前から日本の帰化植物の種子とそのデータベースを保有していたが，本プロジェクトに参画し，さらに収集を進めた結果，934種7,478点の外来植物種子を収集した．この数は，日本の外来植物数1,621種の58％にあたる．これらの資料を基に非意図的に侵入した外来植物と意図的に導入した外来植物の中で帰化植物となっているものを合わせた帰化植物のデータベースを構築した．その内容は外来植物の学名，和名，渡来年代などよりなる．また，種子画像データベースを構築し，要注意種に関しては画像検索が出来るようにした．これらの成果の一部をインターネットで公開した；(http://www.rib.okayama-u.ac.jp/wild/okayama_kika_v2/okayama_kika.html)．このデータベースは日本で最大のものであり，世界的にみても，収集した種子の数，植物の画像と記述，検索性から，世界でトップクラスのデータベースとなった．

2.2 他感物質・有害物質のデータベースの開発

　環境省では，特定外来生物以外にも，環境へのリスクが懸念される生物を「要注意外来生物」として提示している．そこで，特定外来植物に選定されている植物12種，および要注意外来生物にリストアップされた植物を参考に69種の植物を対象に，Phytochemical Dictionary, 2nd ed（Harborne & Baxter, 1999）を中心に，その他の家畜毒性や植物の有害物質を取り扱った文献から，これまでに報告のある化合物を調査した．これらの80種の植物の起源，日本における分布・生育特性，有害物質，他感作用に関する情報を記載したデータベースを作成した．その結果の一部を表2.2に示す．他感作用の強さは表2.1を根拠に示した．また，「外来植物ミニ図鑑－環境に影響するおそれのある外来植物」，および，含まれる有毒・有害成分の情報を加えた「外来植物と化学成分－特異的に含まれる生理活性物質や有害成分」を作成した．この2冊の書籍は，公開セミナーで配布したが，その一部は次のインターネット上でも公開している（http://www.niaes.affrc.go.jp/project/plant_alien/index.html）．

表 2.2　特定外来生物と要注意外来生物にあげられた植物に

特定外来生物	和名	有毒性	花粉症	他感作用	化合物名
					1
○	アゾラ・クリスタータ			●	Luteolinidin
○	アレチウリ			●	24-Methylene-25-methyl-5α-cholest-7-en-3β-ol
○	オオカワヂシャ	▲			Aquaticoside A
○	オオキンケイギク				1-Phenyl-5-heptene-1, 3-diyne
○	オオハンゴンソウ				Bisabolen-1-, 4-endo-peroxide
○	オオフサモ				Eugeniin
○	スパルティナ・アングリカ				S-Dimethylsulfonium propinonic acid
○	ナガエツルノゲイトウ			●	6-Methoxyluteolin 7-rhamnoside
○	ナルトサワギク	▲			6-Hydroxytremetone
○	ブラジルチドメグサ			●	Hydrocotylegenins A, B, C, D, E, and F.
○	ボタンウキクサ			●	Sitosterol-3-o-[2', 4'-diacetyl-6'-o-steralyl]-β-d-glucopyranoside
○	ミズヒマワリ				
	アメリカセンダングサ				1-Phenylhepta-1, 3, 5-triyne
	イタチハギ				Apigenin
	イチビ			●	
	エゾノギシギシ	▲			Lapathinic acid
	オオアワガエリ		●	●	Ferulic acid
	オオアワダチソウ	▲			Solidago diterpene A
	オオオナモミ				Hydroquinone
	オオカナダモ				5-o-Methylcyanidin-3-glucoside
	オオブタクサ		●		
	オトメアゼナ				bacogenins A-1, A-2, A-3
	オニウシノケグサ			●	Festucine
	オランダガラシ				Gluconasturtiin
	カミツレモドキ				Anthemis glycoside A
	カモガヤ		●	●	
	カラクサナズナ	▲			Benzyl isothiocyanate
	キクイモ				Ent-12-acetoxy-16-kauren-19-oic acid
	ギンネム			●	L-Mimosine
	ゴウシュウアリタソウ	▲			
	コセンダングサ				1-Phenylhepta-1, 3, 5-triyne

2 外来植物のリスクを評価し，その蔓延を防止する

含まれると報告のある化合物と有毒性・他感作用のまとめ

化合物名			
2	3	4	5
25-Methyl-5α-ergosta-7, 24 (28)-dien-3β-ol			
Aquaticoside B	Aquaticoside C	Aucubin	Catalpol
Butin	Okanin	Sulphuretin	Leptosidin
Rudbeckianone	Rudbeckiolide		
1-Desgalloyleugeniin			
Alternanthin			
Isatidine	Jacobine	Otonecine	Platyphylline
その他13種			
11α-Hydroxy-24S-ethyl-5α-cholest-22-en-3, 6-dione	Sitosterol-3-o-[2'-o-sterayl]-β-d-xylopyranoside	sitosterol-3-o-[4'-o-sterayl]-β-d-xylopyranoside	
Butein	Butin	Okanin	Sulphuretin
Tephrosin	Amorphigenin	Amorilin	Amorisin
Nepodin	Oxalic acid	Rhein	Emodin
Taraxerol	Isoalantolactone	Xanthanene	Xanthanodiene
Ergonovinine	Ergosine	Ergotamine	Ergovaline
Anthemis glycoside B	Scopolin		
2, 7 (14), 9-Bisabolatrien-11-ol	Inulin	Spermine	Gentisic acid
Butein	Butin	Okanin	Sulphuretin

表 2.2 特定外来生物と要注意外来生物にあげられた植物に

特定外来生物	和名	有毒性	花粉症	他感作用	化合物名 1
	ショクヨウガヤツリ				Cyperaquinone
	セイタカアワダチソウ	▲			Methyl-10-(2-metyl-2-butenoyloxy)-cis 2-cis-8-decadiene-4, 6-diynoate
	セイバンモロコシ	▲			Dhurrin
	セイヨウヒルガオ			●	Tropine
	タチアワユキセンダングサ				1-Phenylhepta-1, 3, 5-triyne
	チョウセンアサガオ類	●		●	Atropine
	ドクニンジン	●		●	r-Coniceine
	ナガバオモダカ				
	ネズミムギ／ホソムギ		●	●	Annuloline
	ネバリノギク				Cyanidin 3-O-glucoside
	ハイイロヨモギ				Sieversin
	ハリエンジュ	▲			Leaf alcohol
	ハリビユ			●	Rutin
	ハルガヤ	▲		●	Coumarin
	ハルザキヤマガラシ			●	
	ハルジオン				Dillapiole
	ハルシャギク				1-Phenyl-5-heptene-1, 3-diyne
	ヒメジョオン				Apigenin
	ヒメムカシヨモギ				Dillapiole
	ブタクサ		●	●	Ragweed pollen allergen Ra5
	ブタナ				Pollinastanol
	ヘラオオバコ				Apigenin 7-O-glucoside
	マルバルコウ			●	Agroclavine
	ミモザ・ピグラ	▲			Mimosine
	ムラサキカタバミ	▲		●	Oxalic acid
	メマツヨイグサ				cis-6, 9, 12-Octadecatrienoic acid
	ヨウシュヤマゴボウ			●	Betanin
	ランタナ	▲			Lantadene A
	ワルナスビ			●	Solaurethine
	外来種タンポポ種群				Caffeic acid

注1) 有毒性の●は人間にも猛毒でとくに注意すべきもの, ▲は動物や昆虫に有毒とされるもの
注2) 他感作用の●は生物検定で阻害活性のあるもの, ▲は報告のあるもの, ?は研究が不十分であるが可能性があるもの

含まれると報告のある化合物と有毒性・他感作用のまとめ (続き)

化合物名			
2	3	4	5
Quercetin 3-methyl ether			
Dehydromatricarin lactone	Dehydromatricarin ester	6-angeloyloxy-kolavenic acid	Solidagonic acid
Calystegin B2			
Butein	Butin	Okanin	Sulphuretin
(+)-Coniine	(+)-N-Methylconiine	Pseudoconhydrine	Caffeic acid
Diferulic acid	Tyramine		
Sieversinin	Achillin	Axillarin	Camphor
Piperonal	Robinetin	Robinin	Robinobiose
β-D-Glucopyranosyl-β-D-glucopyranosyl-β-D-glucopyranosyl-oleanolic acid			
Dicoumarol	o-Coumaric acid		
Erigerol			
Butin	Okanin	Sulphuretin	
Putaminoxin			
Aucubin	Caffeic acid	Ferulic acid	p-Hydroxybenzoic acid
Sitosterol	Campesterol		
Phytolaccoside B	Americanin	Phytolaccasaponins A, B, C, D, E, G	Phytolaccoside A
Chicoric acid	Flavoxanthin	Lutein 5, 6-epoxide	Pollinastanol

注3) 情報が十分ない植物：アメリカアゼナ，アメリカオニアザミ，アメリカネナシカズラ，イヌムギ，オオアレチノギク，オオサンショウモ，カラスムギ，キシュウスズメノヒエ，キショウブ，シナダレスズメガヤ，シバムギ，シラゲガヤ，ハゴロモモ，ハナガガブタ，ホテイアオイ，メリケンカルカヤ，ヤセウツボ

(3) 外来植物のリスク評価法の策定

オーストラリア方式による雑草化リスク評価法は複雑なシステムであるが，外来植物の侵入防止に利用されている．ただ，日本には独特な植物もあり，オーストラリア・オセアニアとは生態系構成要素が異なるし，気象条件も異なるので，日本型のリスク評価法を開発している．これまで，暫定的な雑草性リスク評価WRA (Weed Risk Assessment) スコアが得られた250種から，評価基準作成用として抽出した125種について，WRAスコアから雑草性大となる確率，および雑草性小となる確率との間のロジスティック回帰式を計算した結果，オーストラリア式雑草リスク評価モデルは，日本でも適用可能であると考えられた．

現在開発中のオーストラリア方式の雑草評価モデルを改良した日本型モデルの完成が期待されるが，質問項目が約50項目と多く，専門家による判定を必要とする．そこで，これが完成するまでの間，FAOが2005年に発表した13項目からなる雑草性リスク評価を，日本で定められた特定外来生物の植物，要注意外来生物の植物，および，今後導入される可能性のある新たな外来植物にあてはめて試算した．長年外来帰化植物を研究された淺井康宏氏は，注目すべき性質として，表2.3にあげた9つの因子を提案しておられる（淺井，1993）．FAOが2005年に提案した因子は，表2.4に示す13項目であ

表2.3 淺井康宏さんの提案される有害因子

項目
鋭い刺をもつ
有毒成分を含んでいる
花粉症の原因となる
他の植物に悪影響を与える
種子が多産である
繁殖力が強く，有害雑草として嫌われる
一年草：種子をたくさんつけて短時間に大群落となる
多年草：根茎などで栄養繁殖し再生力があり除去が困難なもの
水生植物：茎がちぎれて大繁殖するもの

出典）緑の侵入者たち，浅井康宏，p. 57-61 (1993)

表 2.4　FAO が発表した侵略的外来植物の雑草性を判定する項目

項目	点数
水生植物である	Y = 3
同じ種に雑草がある	Y = 2
意図的・非意図的を問わず人間活動で広がる	Y = 2
とげや針をもつ	Y = 1
寄生植物である	Y = 1
草食動物に対して有毒か忌避される	Y = 1
病害虫の宿主となる	Y = 1
人間に対してアレルギーや皮膚炎を起こす	Y = 1
蔓性であったり，他の植物を窒息させるほど繁殖する	Y = 1
種子が多産である	Y = 1
種子の寿命が1年以上ある	Y = 1
無性生殖により再生する	Y = 1
切断・耕耘・火入れに耐えるか，むしろ広がる	Y = 1

注1）リスクが不明のときは，「リスクあり」とする．
注2）スコアが6以上のときリスクありとする．
出典）Procedures for weed risk assessment p. 1-16 (2005)

る．これらの因子は，植物図鑑やインターネットに記載された情報を元に判定することが可能である．そこで，特定外来生物に指定された植物について評価した結果を，表2.5に示す．その結果，ボタンウキクサ，アレチウリ，ブラジルチドメグサ，ミズヒマワリおよびナガエツルノゲイトウの5つが高得点であった．ナガエツルノゲイトウ以外の4種は，現在河川や河川敷で爆発的に広がって問題となっている．これらの点数が高いことは，この評価法の結果の妥当性が高いことを示している．ナガエツルノゲイトウは，まだ全国的に蔓延していないが中国ではもっとも問題となっている侵略的外来植物となっている．今後，ナガエツルノゲイトウの蔓延防止に関する研究が緊急に必要である．

　FAOの雑草性リスク評価を，環境省が発表している要注意外来生物の植物を中心に約100種の外来植物について検定した結果を，表2.6に示す．その結果，ホテイアオイ，キシュウスズメノヒエ，ギンネム，チョウセンアサガオの類，ハリエンジュ，カモガヤ，キショウブ，オオサンショウモ等のリスクが高いことが示された．また，この方式で計算したFAO点数は，村中ら

表2.5 日本で特定外来生物に指定されている植物のFAO方式 (2005) による雑草性リスク評価

和名	学名	水生植物である	同種に雑草がある	人間活動で広がる	刺や針を持つ	寄生植物である	草食動物に有毒か忌避	病害虫の宿主になる	人に有毒か皮膚炎	蔓性か被覆力が強い	生殖能のある種子	種子寿命が1年以上	栄養繁殖する	切断耕耘火入れに耐性	FAO点数
ボタンウキクサ	Pistia stratiotes L. var. cuneata Engler	3	2	2	0	0	0	1	0	1	0	0	1	1	11
ナガエツルノゲイトウ	Alternanthera philloxeroides Griseb.	3	2	0	0	0	0	1	0	1	1	1	1	1	11
アレチウリ	Sicyos angulatus L.	0	2	2	1	0	0	1	0	1	1	1	0	1	10
ブラジルチドメグサ	Hydrocotyle ranumculoides L.f.	3	2	2	0	0	0	1	0	1	0	0	1	1	10
ミズヒマワリ	Gymnocoronis spilanthoides DC.	3	2	2	0	0	0	1	0	1	0	0	1	1	10
(アゾラ・クリスタータ)	Azolla cristata Kaulf.	3	2	2	0	0	0	0	0	0	0	0	1	0	8
オオフサモ	Myriophyllum brasilense Cambess.	3	2	0	0	0	0	1	0	1	0	1	0	0	8
(スパルティナ・アングリカ)	Spartina anglica C.E. Hubbard	3	2	0	0	0	0	0	0	0	1	0	1	0	7
オオカワヂシャ	Veronica anagallis-aquatica L.	3	2	0	0	0	0	1	1	0	0	0	0	0	7
オオハンゴンソウ	Rudbeckia laciniata L. var. laciniata	0	0	2	0	0	1	0	1	1	1	0	0	0	6
ナルトサワギク	Senecio madagascariensis Poir.	0	2	0	0	0	1	0	1	0	1	0	0	0	5
オオキンケイギク	Coreopsis lanceolata L.	0	0	2	0	0	0	0	0	1	1	1	0	0	5

(2005) が報告している特定外来生物選定のための評価点数と相関 (0.503) があった．FAO 点数は環境省の要注意外来生物リストと相関があった (0.304)．一方，村中らの点数は，日本生態学会のワースト 100 種と相関が高い (0.608)．

本プロジェクトの中では，生物間相互作用において重要な役割を果たしている化学生態的特性，とくに他感作用活性に重点を置いて検定した．他感作用活性を，3 つの経路毎に，3 つの生物検定法で検定した．その結果の一部はすでに表 2.1 に例示している．この他感作用因子をつけ加えて 14 因子とし，この方法を FAO 方式に準じて計算した．その結果の各因子の寄与率を各因子の相関関係の結果を表 2.7 に示す．その結果，総合点数に寄与していないものは，「寄生植物」と「生殖能のある種子」の因子であった．寄与の大きいものは，順に「人間活動により広がる 0.547」，「他感作用 0.497」，「栄養繁殖 0.455」，「同種が雑草 0.446」であった．「水生植物」は「生殖能のある種子」をつけないものが多い（相関係数 − 0.387）．「草食動物に有毒なもの」は，「人にも有毒や皮膚炎を起こすもの」が多い（相関係数 0.351）．「日本生態学会のワースト 100 に選ばれた種」は，「他感作用活性の高いもの」が多い（相関係数 0.349）．「環境省の要注意外来生物（植物）に選ばれた種」は，「栄養繁殖するもの」が多い（相関係数 0.265）．「栄養繁殖するもの」は，「水生植物」が多く (0.297)，「切断しても増え広がるもの」が多い (0.291)．「他感作用活性の高いもの」は，「針やトゲを持つもの」が多い（相関係数 0.212）ことがわかった．以上の結果から，「寄生植物」の項目はリスク評価項目には大きな影響を与えていないこと，「病害虫の宿主になる」は，寄与率が低く，判定に用いる情報も十分ではないことから，判定項目から削除した．最終的に採用した 10 因子は，表 2.3 の淺井による有害因子と一致している．この 10 因子による雑草リスク法を，ASAI 式とした．これらの因子は，その全てをインターネットや植物図鑑等で調べて記入することが可能である．

表2.6 日本にすでに侵入している検討すべき外来植物の

和名	学名	水生植物である	同種に雑草がある	人間活動で広がる	刺や針を持つ	寄生植物である
ホテイアオイ	*Eichhornia crassipes* (Mart.) Solms-Laub.	3	2	2	0	0
キシュウスズメノヒエ	*Paspalum distichum* L. var. *distichum*	3	2	2	0	0
ギンネム	*Leucaena leucocephala* (Lam.) de Wit	0	2	2	1	0
チョウセンアサガオ類	*Datura* sp.	0	2	2	1	0
ハリエンジュ	*Robinia pseudacacia* L.	0	2	2	1	0
カモガヤ	*Dactylis glomerata* L.	0	2	2	0	0
キショウブ	*Iris pseudoacorus* L.	3	2	2	0	0
オオサンショウモ	*Salvinia molesta* Mitch.	3	2	2	0	0
オオカナダモ	*Egeria densa* (Planch.) St. John	3	2	2	0	0
コカナダモ	*Elodea nuttallii* (Planch.) H. St. John	3	2	2	0	0
オオアワガエリ	*Phleum pratense* L.	0	2	2	0	0
オランダガラシ	*Nasturtium officinale* R. Br.	3	2	2	0	0
ナガバオモダカ	*Sagittaria graminea* Michx.	3	2	2	0	0
ハイホテイアオイ	*Eichhornia azurea* Kunth	3	2	2	0	0
オオブタクサ	*Ambrosia trifida* L.	0	2	0	0	0
シナダレスズメガヤ	*Eragrostis curvula* (Schrad.) Nees	0	2	2	0	0
セイタカアワダチソウ	*Solidago altissima* L.	0	2	0	0	0
オニウシノケグサ	*Festuca arundinacea* Sch.	0	2	2	0	0
ネズミムギ	*Lolium multiflorum* Lam.	0	2	2	0	0
ハゴロモモ	*Cabomba caroliniana* A. Gray	3	2	2	0	0
シチヘンゲ(ランタナ)	*Lantana camera* L.	0	2	2	0	0
ナガハグサ	*Poa pratensis* L.	0	2	2	0	0
イタチハギ	*Amorpha fruticosa* L.	0	2	2	0	0
シロツメクサ	*Trifolium repens* L.	0	2	2	0	0
オオオナモミ	*Xanthium canadense* L.	0	2	0	1	0
ハルガヤ	*Anthoxanthum odoratum* L. subsp. *odoratum*	0	2	0	0	0
モウソウチク	*Phyllostachys heterocycla*	0	2	0	0	0
イチビ	*Abutilon theophrasti* Medic.	0	2	0	0	0
ハリビユ	*Amaranthus spinosus* L.	0	2	0	1	0
アメリカネナシカズラ	*Cuscuta pentagona* Engelm.	0	2	0	0	1
オトメアゼナ	*Bacopa monnieri* Pennell	3	2	0	0	0
ショクヨウガヤツリ	*Cyperus esculentus* L.	0	2	0	0	0
シラゲガヤ	*Holcus lanatus* L.	0	2	0	0	0
ワルナスビ	*Solanum carolinense* L.	0	2	0	1	0
ミジンコウキクサ	*Wolffia arrhiza* Wimm.	3	2	0	0	0
セイヨウヒルガオ	*Convolvulus arvensis* L.	0	2	0	0	0
ドクニンジン	*Conium maculatum* L.	0	2	0	0	0
ハナガガブタ	*Nymphoides aquatica* Ktze.	3	0	2	0	0
ヘラオオバコ	*Plantago lanceolata* L. var. *lanceolata*	0	2	0	0	0
オシロイバナ	*Mirabilis jalapa* L.	0	2	2	0	0
タイワンツナソ(モロヘイヤ)	*Corchorus olitorius* L.	0	2	0	0	0
外来種タンポポ種群	*Taraxacum officinale* agg.	0	2	0	0	0
ヒメジョオン	*Stenactis annuus* (L.) Cass.	0	2	0	0	0
ハルザキヤマガラシ	*Barbarea vulgaris* R. Br.	0	2	0	0	0
ブタナ	*Hypochoeris radicata* L.	0	2	0	0	0
セイバンモロコシ	*Sorghum halepense* (L.) Pers.	0	2	0	0	0
ヨウシュヤマゴボウ	*Phytolacca americana* L.	0	2	0	0	0
コセンダングサ	*Bidens pilosa* L.	0	2	0	1	0
エゾノギシギシ	*Rumex obtusifolius* L. var. *agrestis* (Fries) Celak	0	2	0	0	0
キクイモ	*Helianthus tuberosus* L.	0	2	0	0	0
アメリカオニアザミ	*Cirsium vulgare* (Savi) Ten.	0	2	0	1	0
カミツレモドキ	*Anthemis cotula* L.	0	2	0	0	0
カラクサナズナ	*Coronopus didymus* (L.) Smith	0	2	0	0	0

FAO方式(2005)による雑草性リスク評価

草食動物に有毒か忌避	病害虫の宿主になる	人に有毒か皮膚炎	蔓性か被覆力が強い	生殖能のある種子	種子寿命が1年以上	栄養繁殖する	切断耕転火入れに耐性	FAO点数	村中点数(*)	環境省の要注意外来生物(植物)	日本生態学会のワースト100に選ばれた種
0	1	0	0	1	1	1	1	12	8	1	1
0	1	0	1	1	1	1	1	12	5	1	0
1	1	0	1	1	1	0	1	11	4	1	0
1	1	1	1	1	1	0	0	11		1	0
0	0	0	1	1	1	1	1	10	10	1	1
1	1	1	0	1	1	1	0	10	8	1	0
0	0	0	0	1	1	1	0	10	5	1	1
0	0	0	0	1	1	1	0	10		1	0
0	0	0	0	0	0	1	1	9	10	1	0
0	0	0	0	0	0	1	1	9	8	1	1
0	1	1	1	1	1	0	0	9	5	1	0
0	0	0	0	1	1	0	0	9	4	1	0
0	0	0	0	1	1	0	0	9	3	1	0
0	0	0	0	0	0	1	1	9		1	0
1	1	1	1	1	1	0	0	8	12	1	0
0	1	0	1	1	1	0	0	8	11	1	0
1	1	0	1	1	1	1	0	8	10	1	1
1	1	1	0	1	0	0	0	8	9	1	1
0	1	1	0	1	1	0	0	8	5	1	0
0	0	0	0	0	0	1	0	8	1	1	0
1	1	0	0	1	1	0	0	8		1	0
1	1	0	0	1	1	0	0	8		0	0
0	0	0	1	1	1	0	0	7	5	1	1
0	0	0	0	1	1	1	0	7	4	0	0
1	0	0	1	1	1	0	0	7	3	1	1
1	0	1	0	1	1	0	0	7	3	1	1
0	0	0	1	0	0	1	1	7	3	0	0
1	1	0	1	1	1	0	0	7	2	1	1
1	1	0	0	1	1	0	0	7	1	1	0
0	0	0	1	1	1	0	0	7		1	0
0	0	0	0	1	0	1	0	7		1	0
0	1	0	0	1	1	1	1	7		1	0
1	0	0	0	1	1	1	0	7		1	0
1	1	0	0	1	1	0	0	7		1	0
0	1	0	0	0	0	1	0	7		0	0
0	1	0	1	1	1	1	0	7		1	0
1	1	1	0	1	1	0	0	7		1	0
0	0	0	0	1	1	0	0	7		1	0
1	1	0	0	1	1	1	0	7		1	0
0	1	0	0	1	1	0	0	7		0	0
1	0	0	0	1	1	0	0	7		0	0
0	1	0	0	1	1	1	0	6	7	1	1
0	1	0	0	1	1	1	0	6	6	1	1
0	1	0	0	1	1	1	0	6	5	1	1
0	1	0	0	1	0	1	1	6	4	1	0
1	0	0	1	0	1	0	0	6	3	1	0
1	1	0	0	0	1	1	0	6	3	1	0
0	1	0	0	1	1	1	0	6	3	0	0
0	1	0	1	1	1	0	0	6	1	1	0
0	1	0	0	1	0	1	0	6	1	1	0
0	1	0	0	1	0	0	0	6		1	0
1	0	1	0	1	1	0	0	6		1	0
1	1	0	0	1	1	0	0	6		1	0

表 2.6 日本にすでに侵入している検討すべき外来植物の

和名	学名	水生植物である	同種に雑草がある	人間活動で広がる	刺や針を持つ	寄生植物である
シバムギ	Elymus repens (L.) Gould var. repens	0	2	0	0	0
ヒロハフウリンホオズキ	Physalis angulata L.	0	2	0	0	0
オニノゲシ	Sonchus asper Hill.	0	2	0	1	0
ナヨクサフジ	Vicia villosa Roth	0	2	2	0	0
コニシキソウ	Euphorbia supina Rafin.	0	2	0	0	0
ペラペラヨメナ	Erigeron karvinskianus DC.	0	2	2	0	0
オオアレチノギク	Conyza sumatrensis (Retz.) Walker	0	2	0	0	0
メマツヨイグサ	Oenothera biennis L.	0	2	0	0	0
タチアワユキセンダングサ	Bidens pilosa	0	2	0	0	0
ヒメムカシヨモギ	Erigeron canadensis L. var. canadensis	0	2	0	0	0
アメリカセンダングサ	Bidens frondosa L.	0	2	0	1	0
メリケンカルカヤ	Andropogon viriginicus L.	0	2	0	0	0
ハルジオン	Erigeron philadephicus L. var. philadephicus	0	2	0	0	0
ブタクサ	Ambrosia elatior L.	0	2	0	0	0
ハルシャギク	Coreopsis tinctoria Nutt.	0	0	2	0	0
イチイヅタ	Caulerpa taxifolia	3	2	0	0	0
ゴウシュウアリタソウ	Chenopodium pumilio R. Br.	0	2	0	0	0
マルバルコウ	Ipomoea coccinea L.	0	2	0	0	0
ムラサキカタバミ	Oxalis corymbosa DC.	0	2	0	0	0
ヤセウツボ	Orobanche minor Sm.	0	2	0	0	1
ショカッサイ	Orychophragmus violaceus O.E.Schulz	0	2	0	0	0
ナガミヒナゲシ	Papaver dubium L.	0	2	0	0	0
ビロードモウズイカ	Verbascum thapsus L.	0	2	0	0	0
オランダミミナグサ	Cerastium glomeratum Thuill.	0	2	0	0	0
カラスムギ	Avena fatua L.	0	2	0	0	0
ケナフ	Hibiscus cannabinus L.	0	0	2	0	0
ハイイロヨモギ	Artemisia sieversiana Willd.	0	2	2	0	0
オオイヌノフグリ	Veronica persica Poir.	0	2	0	0	0
キキョウソウ	Specularia perfoliata Nieuwl.	0	2	2	0	0
コメツブウマゴヤシ	Medicago lupulina L.	0	2	2	0	0
タチイヌノフグリ	Veronica arvensis L.	0	2	0	0	0
ヒメオドリコソウ	Lamium purpureum L.	0	2	0	0	0
アカギ	Bischofia javanica Bl.	0	0	0	0	0
イヌムギ	Bromus catharticus Vahl.	0	2	0	0	0
コバンソウ	Briza maxima L.	0	2	0	0	0
アメリカアゼナ	Lindernia dubia Pennell	0	2	0	0	0
ハキダメギク	Galinsoga quadriradiata Ruiz et Pav.	0	2	0	0	0
ハネミギク	Verbesina alternifolia Britt.	0	2	0	0	0
ゲンゲ	Astragalus sinicus L.	0	0	2	0	0
トウネズミモチ	Ligustrum lucidum Ait.	0	0	2	0	0
アオゲイトウ	Amaranthus retroflexus L.	0	2	0	0	0
チチコグサモドキ	Gnaphalium pensylvanicum Willd.	0	2	0	0	0
オオアワダチソウ	Solidago gigantea Aiton var. leiophylla Fernald	0	2	0	0	0
ムギクサ	Hordeum murinum L.	0	2	0	0	0
シマグワ	Morus australis Poir.	0	0	2	0	0
ホウキギク	Aster subulatus Michx.	0	2	0	0	0
ホソバヒメミソハギ	Ammannia coccinea Rottb.	0	2	0	0	0
ネバリノギク	Aster novae-angliae	0	0	0	0	0
アレチノギク	Conyza bonariensis (L.) Cronquist	0	0	0	0	0
アワコガネギク	Dendranthena boreale (Makino) Kitam.	0	2	0	0	0
コゴメイ	Juncus sp.	0	0	0	0	0

FAO方式 (2005) による雑草性リスク評価 (続き)

草食動物に有毒か忌避	病害虫の宿主になる	人に有毒か皮膚炎	蔓性か被覆力が強い	生殖能のある種子	種子寿命が1年以上	栄養繁殖する	切断耕耘火入れに耐性	FAO点数	村中点数(*)	環境省の要注意外来生物(植物)	日本生態学会のワースト100に選ばれた種
0	1	0	0	1	1	1	0	6		1	0
0	1	0	0	1	1	0	1	6		0	0
0	1	0	0	1	1	0	0	6		1	0
0	0	0	1	1	0	0	0	6		1	0
1	1	0	0	1	1	0	0	6		0	0
0	0	0	0	1	1	0	0	6		0	0
0	0	0	1	1	1	0	0	5	4	1	1
0	1	0	0	1	1	0	0	5	4	1	0
0	0	0	1	1	1	0	0	5	3	1	0
0	1	0	0	1	1	0	0	5	3	1	0
0	0	0	1	1	0	0	0	5	2	1	0
0	0	0	0	1	1	0	1	5	2	0	0
0	0	0	0	1	1	1	0	5	1	1	1
0	0	1	0	1	1	0	0	5	1	1	0
0	0	0	1	1	1	0	0	5	1	1	0
0	0	0	0	0	0	0	0	5		1	1
1	0	0	0	1	1	0	0	5		1	0
0	1	0	0	1	1	0	0	5		1	0
0	1	0	0	0	0	1	1	5		1	0
0	0	0	0	1	1	0	0	5		1	0
0	1	0	0	1	1	0	0	5		0	0
1	0	0	0	1	1	0	0	5		0	0
0	1	0	0	1	1	0	0	5		0	0
0	1	0	0	1	1	0	0	5		1	0
0	1	0	0	1	1	0	0	5		1	0
0	0	0	1	1	1	0	0	5		1	0
0	0	0	0	1	0	0	0	5		1	0
0	1	0	0	1	1	0	0	5		0	0
0	0	0	0	1	0	0	0	5		0	0
0	1	0	0	1	1	0	0	5		0	0
0	1	0	0	1	1	0	0	5		0	0
0	0	0	1	1	1	0	1	4	7	0	1
0	1	0	0	1	0	0	0	4	1	1	0
0	0	0	0	1	1	0	0	4	1	0	0
0	0	0	1	1	0	0	0	4	1	1	0
0	0	0	0	1	1	0	0	4		0	0
0	0	0	0	1	1	0	0	4		0	0
0	1	0	0	1	0	0	0	4		1	0
0	0	0	0	0	1	0	0	4		1	0
0	0	0	0	1	1	0	0	4		0	0
0	0	0	0	1	1	0	0	4		0	0
0	0	0	0	1	0	0	0	3	3	1	1
0	0	0	0	0	1	0	0	3		0	0
0	1	0	0	0	0	0	0	3		0	0
0	0	0	0	1	0	0	0	3		0	0
0	0	0	1	1	0	0	0	2	2	1	1
0	0	0	1	1	0	0	0	2		1	0
0	0	0	1	1	0	0	0	2		1	0
0	0	0	1	0	0	0	0	2		1	0
0	0	0	1	1	0	0	0	2		1	0

* 村中孝司, 石井 潤, 鷲谷いづみ, 宮脇成生 (2005) 保全生態学研究 10 (1) : 19-33

表 2.7　FAO 方式にアレロパシー因子を加えた雑草性リスク評価結果の各項目間の相関係数

	(1) 水生	(2) 雑草	(3) 人間	(4) 刺・針	(5) 寄生	(6) 他感	(7) 有害
(1) 水生植物である	1.0000						
(2) 同種に雑草がある (海外経験)	0.0212	1.0000					
(3) 人間活動で広がる	0.2102	0.0832	1.0000				
(4) 刺や針を持つ	-0.1139	0.0889	-0.0201	1.0000			
(5) 寄生植物である	-0.0552	0.0431	0.0746	-0.0404	1.0000		
(6) アレロパシー (他感作用) あり	-0.1434	0.1078	0.1524	0.2126	-0.1009	1.0000	
(7) 草食動物に有毒か忌避される	-0.2219	0.1731	0.0287	0.2598	-0.0788	0.2316	1.0000
(8) 病害虫の宿主になる	-0.2178	0.1651	-0.0798	0.1499	-0.1374	0.0939	0.2134
(9) 人に有毒か皮膚炎・花粉症	-0.1286	0.1004	0.0952	0.0282	-0.0457	0.0365	0.3508
(10) 蔓性か被覆力が強い	0.0542	-0.0489	0.1102	0.0676	0.1274	0.3742	0.0556
(11) 生殖能のある種子をつける	-0.3866	0.1029	-0.1199	0.1043	0.0506	0.1098	0.2032
(12) 種子寿命が1年以上ある	-0.2162	0.2078	0.1072	0.1709	0.0829	0.1345	0.2818
(13) 栄養繁殖する	0.2973	0.1258	0.2459	-0.1092	0.0618	0.1255	-0.0222
(14) 切断・耕耘・火入れに耐性	0.2103	0.0041	0.1925	0.1216	-0.0506	0.2910	-0.1327
改良FAO方式Iの点数	0.3453	0.4464	0.5741	0.2527	0.0372	0.4972	0.3599
$**:p<0.01, *:p<0.05$, NS: 相関なし	**	**	**	**	NS	**	**

	(8) 病虫	(9) 有毒	(10) 蔓性	(11) 種子	(12) 寿命	(13) 繁殖	(14) 切断
(1) 水生植物である							
(2) 同種に雑草がある (海外経験)							
(3) 人間活動で広がる							
(4) 刺や針を持つ							
(5) 寄生植物である							
(6) アレロパシー (他感作用) あり							
(7) 草食動物に有毒か忌避される							
(8) 病害虫の宿主になる	1.0000						
(9) 人に有毒か皮膚炎・花粉症	0.1368	1.0000					
(10) 蔓性か被覆力が強い	-0.0175	-0.1442	1.0000				
(11) 生殖能のある種子をつける	0.1737	0.1178	0.0783	1.0000			
(12) 種子寿命が1年以上ある	0.2738	0.1187	0.0838	0.4726	1.0000		
(13) 栄養繁殖する	0.0336	-0.0699	0.1667	-0.2910	-0.0456	1.0000	
(14) 切断・耕耘・火入れに耐性	0.0069	-0.1178	0.2473	-0.3406	-0.1980	0.2910	1.0000
改良FAO方式Iの点数	0.2841	0.2060	0.3817	0.0753	0.3864	0.4551	0.3406
$**:p<0.01, *:p<0.05$, NS: 相関なし	**	*	**	NS	**	**	**

(4) 新たに導入する外来植物の雑草性リスクの推定

　ASAI式による検定には，本プロジェクトで，雪印種苗の協力を得て，アメリカ合衆国およびイギリスから新たに購入した外来植物500種，ワイルドフラワー120種および岡山大学で収集されたまだ広がっていない外来雑草種子60種を用い，農業環境技術研究所内に設置した立ち入りを制限した温室内での栽培試験と他感作用活性の検定，一部の植物については管理した圃場での

2 外来植物のリスクを評価し，その蔓延を防止する　51

表 2.8　今後導入される可能性のある外来植物 600 種の改良 FAO 方式 II（淺井方式）による雑草性リスク評価（抜粋）

科名	和名	学名	水生植物である	同属に雑草がある	人間活動で広がる	刺や針を持つ	人や動物に有毒・花粉症	アレロパシー活性が強い	蔓性か被覆力が強い	種子寿命が1年以上	栄養繁殖する	切断耕転入れに耐性	FAO I 総点数(※)
イネ	ツノアイアシ	*Rottboellia exaltata* (L.) L.f.	0	2	0	1	1	1	1	1	1	1	9
マメ	ナンバンアカアズキ	*Macroptilium lathyroides* (L.) Urban	0	2	2	0	0	1	1	1	1	0	7
イネ	ヒゲナガスズメノチャヒキ	*Bromus rigidus* Roth.	0	2	2	1	0	0	1	1	0	0	7
キク	アメリカタカサブロウ	*Eclipta alba* (L.) Hasskarl	3	2	0	0	0	0	0	1	0	0	6
トウダイグサ	シマニシキソウ	*Euphorbia hirta* L.	0	2	2	0	0	0	1	1	0	0	6
ケシ	ニセカラクサケマン	*Fumaria capreolata* L.	0	2	2	0	0	0	1	1	0	0	6
ゴマノハグサ	クロバナモウズイカ	*Verbascum nigrum* L.	0	2	2	0	0	0	1	1	0	0	6
アオイ	アメリカキンゴジカ	*Sida spinosa* L.	0	2	2	1	0	0	0	1	0	0	6
ツユクサ	マルバツユクサ	*Commelina bengalensis* L.	0	2	2	0	0	0	1	0	1	0	6
ナス	ハリナスビ	*Solanum sisymbrifolium* Lam.	0	2	2	1	0	0	0	1	0	0	6
イネ	カラスノチャヒキ	*Bromus secalinus* L.	0	2	2	0	0	0	0	1	0	0	5
ヒルガオ	アメリカネナシカズラ	*Cuscuta pentagona* Engelm.	0	2	2	0	0	1	0	0	0	0	5
ケシ	ナガミヒナゲシ	*Papaver dubium* L.	0	2	2	0	0	0	0	1	0	0	5
マメ	コメツブツメクサ	*Trifolium dubium*	0	2	2	0	0	0	0	1	0	0	5
シソ	（和名なし）	*Salvia horminoides* Pourret	0	2	2	0	0	0	0	0	0	0	4
イネ	（和名なし）	*Phalaris brachystachys* Link	0	2	2	0	0	0	0	0	0	0	4
イネ	コゴメスズメノチャヒキ	*Bromopsis inermis* (Leysser) Holub.	0	2	2	0	0	0	0	0	0	0	4
ヒルガオ	ヒロハヒルガオ	*Calystegia sepium* (L.) R.Br.	0	2	2	0	0	0	0	0	0	0	4
タデ	ニセアレチギシギシ	*Rumex sanguineus* L.	0	2	0	0	0	0	0	1	0	0	3
アブラナ	ノハラガラシ	*Sinapis arvensis* L.	0	2	0	0	0	0	0	1	0	0	3
マメ	スズメエンドウ	*Vicia hirsuta* (L.) S.F.Gray	0	2	0	0	0	0	1	0	0	0	3
マメ	イガマメ	*Onobrychis viciifolia* Scop.	0	2	0	0	0	0	0	0	0	0	1
キンポウゲ	¥	*Nigella arvensis* L.	0	0	0	0	1	0	0	0	0	0	1
マメ	ハリモクシュク	*Ononis spinosa* L.	0	0	0	0	0	1	0	0	0	0	1
マメ	コロハ	*Trigonella foenum-graecum*	0	0	0	0	0	0	0	1	0	0	1

※ 6点以上を，特に注意すべき外来植物とした．作用が不明な場合は類似植物から類推した．

栽培試験を行い，栽培特性，開花結実特性，雑草化を調べた．この結果は現在まだとりまとめ中であるが，その一部の結果を表2.8に示す．その結果，ツノアイアシ，ナンバンアカアズキ，ヒゲナガスズメノチャヒキ，アメリカネナタカサブロウ，シマニシキソウ，ニセカラクサケマン等のリスクが高いという結果が出た．これらの植物は，いずれも農環研で栽培した温室内で自然に種子が落下し，雑草化したことから，この判定結果は，将来雑草化する可能性の高いものを検出している可能性が高いと考えている．

4．外来植物の蔓延防止技術の開発

（1）被覆植物を利用した外来植物の生物的防除技術の開発

化学的防除法，機械的防除法のみの除草処理によるオオブタクサ防除効果は除草剤区≫抜取り＞刈取り≒放任区であった．しかし，刈取り・抜取り処理にソバ植栽を組み合わせることにより，オオブタクサの発生量が有意に減少し，除草剤区とほぼ同程度のオオブタクサ抑制効果が認められた．除草剤区はソバおよびシソの有無によらずオオブタクサ発生量が対照区の2％以下で推移したが，除草剤処理を行うとイネ科植物（メヒシバ）が優占する傾向が認められた．刈取りのみの区では，オオブタクサが再生し，防除効果が少ないことが明らかになった．在来種のバイオマス率はソバ，シソ植栽区および除草剤区で高く，オオブタクサ衰退後，新たな外来種の顕著な侵入は認められなかった．種子からのオオブタクサの発生は主に5～7月であり，この時期のオオブタクサの発生をソバ等の在来の被覆植物を用いて防除することにより，その年の秋までオオブタクサの発生を抑制できることが明らかとなった．

（2）除草剤の利用による外来植物の防除技術の生態影響評価

河川敷で除草剤を用いて蔓延するアレチウリやオオブタクサを防除する技術において，在来植物・希少植物への影響を評価した．スポット処理において，タコノアシは高い施用量で負のRGR（相対生長率）を示し，サンショウモより高い感受性を示した．一方，グリホサート・アンモニウム塩とグリホ

サート酸（原体）との差はほとんど見られなかった．塗布処理は，両種ともスポット処理より生長抑制は低かった．とくに，サンショウモでは，塗布直後に処理液滴が葉面から落下することが多く，いずれの施用量でも無処理区との差が認められなかった．グリホサート剤の50％影響施用量は，どちらの種においても塗布処理よりスポット処理で低い値を示した．以上の結果から，化学的防除を実施する場合には塗布処理の生態リスクが低いことが示唆された．

(3) 除草剤を利用した外来植物の駆除マニュアルの作成

2006年にエクアドル国ガラパゴス島のダーウイン研究所を訪問し，外来植物の除草剤による駆除に成功した事例をまとめた「ガラパゴス国立公園における外来植物防除マニュアル」を翻訳した．ガラパゴス島では，貴重な固有植物に対する外来植物の蔓延が大きな問題となっていた．その駆除法を検討した結果，除草剤による方法を採用した（村岡ら，2007）．また，本プロジェクトで現地試験を実施した，現在日本で問題となっている，アレチウリ，ハリエンジュ（ニセアカシア），オオブタクサ，セイタカアワダチソウの除草剤を用いた，生態系に影響を与えにくい手法に関する防除マニュアルを作成している．詳細は近日発表予定である．

5．まとめ

(1) 緊急に取り締まるべき侵略的・有害外来植物

① 水生植物・水に強い植物（河川などの水系を使って短期間に大繁殖する）：ボタンウキクサ，オオサンショウモ，キショウブ
② 原産地を含む他の国で雑草化して問題となっている：ナガエツルノゲイトウ，スパルティナ・アングリカ
③ 人間が好む植物，たとえば園芸植物であったり，人間活動に伴って拡散される：ナガミヒナゲシ，オオキンケギク
④ 葉・茎・種皮などにトゲや刺毛を持つ：オジギソウ，ハリエンジュ（ニセアカシア），ランタナ（野生化したものはトゲを持つ），メスキート，

ハリモクシュク，セイヨウイラクサ，ツノアイアシ．
⑤ 人間や動物に有毒な成分や花粉症を引き起こす成分を持つ：チョウセンアサガオ類，イラクサ，ナルトサワギク，ナガミヒナゲシ，オオブタクサ，イネ科牧草類
⑥ 他感作用（他感作用）が強い（在来種との競争上有利．他の生物を抑圧し生態系に影響）：ナガボノウルシ，メスキート，ギンネム，アカギ，ツノアイアシ．
⑦ つる性であったり，他の植物を窒息させるほど繁茂する（ほかの植物にからまって生育し，下になった植物を物理的に日陰にして枯らす）：アレチウリ，ナンバンアカアズキ，ニセアカシア（根から萌芽），フウセンカズラ．これらの植物は急速に広がって問題となることが多い．日本から海外に進出して問題となっている，クズ，スイカズラ，カナムグラもこのような性質を持っている．
⑧ 発芽しうる種子をたくさんつけて自然に落下し，その種子の寿命が1年以上ある．
⑨ 栄養繁殖する：イモや貯蔵組織をつくって根絶しにくい：キクイモ，カタバミ類，キショウブ，あるいは多年生である：シュッコンソバ，シナダレスズメガヤ，メリケンカルカヤ
⑩ 刈り取りや耕起に抵抗性で，むしろ耕起によって増えたり，容易に再生する：ショクヨウガヤツリ（キハマスゲ），ギンネム，ハリエンジュ，オオキンケイギク，セイロンベンケイなど．

上記の基本10項目以外に，外来植物の蔓延に重要な役割を果たすと考えられる因子として，次のようなものがある．
① 寄生植物である（宿主の養分を吸って枯らす）：アメリカネナシカズラ，ナンバンギセル．ASAI式によるリスク評価指標からははずしたが，寄生植物はいったん侵入すると大きな問題となる．これらの植物については，別途個別に研究が必要である．
② 昆虫や病気の宿主となる：この項目も，ASAI式によるリスク評価指標からはずしたが，それは未侵入の植物では研究してみないとわからな

い点もあり，事前評価が不確かなためである．この分野も，別途研究が必要である．
③ 土壌・気象特性が合う：北米や地中海等の日本の気象・土壌条件と似た場所に生育する植物は要注意である．このような植物の気候・土壌適合性についてさらに研究を行う必要がある．
④ 乾燥や塩類に強い：地球の温暖化にともない，乾燥地や塩類集積地が増加する傾向にある．また，砂漠や海岸などの特殊な地域に侵入して蔓延する可能性がある．このような植物で他感作用の強い植物はとくに優占しやすい．塩類耐性植物は他感物質が強いことが多い．ベンケイソウ，セダム，メスキートなど．このような植物の成分についてさらに研究する必要がある．
⑤ 亜熱帯地域の植物：今後の地球温暖化により，日本の将来の気温は上昇すると予想されている．その結果，亜熱帯地方の問題雑草，たとえば，ツノアイアシ，ゴマギク（*Parthenium hysterophorus*），オジギソウの類，*Mikania micrantha* などが日本に侵入して問題となる可能性がある．将来の温暖化予測と，このような雑草の侵入予測を行う必要がある．
⑥ 輸入飼料や穀物に含まれる外来雑草：日本の場合，植物防疫法で，病害虫の検査は行われているが，雑草種子の検査は不十分である．輸入大豆や穀物などは，0.5％以下の不純物は認められているが，この限度ぎりぎりの雑草種子が含まれていることが多い．年間の輸入量，牧草地・豆腐工場などの周辺からの逸脱を防ぐ試みが必要である．

（2）残された問題点

本研究で，緊急性が高いアレチウリ，オオブタクサ，セイタカアワダチソウなどの植物については防除試験を並行して実施し，除草剤の適用法について成果を挙げることができた．しかし，除草剤を散布した後の残効や生態系影響については，さらに継続して実施するべきであると考える．また，外来植物の蔓延防止技術の現地実証実験を行う場合，外来植物が生産した種子が

土壌中の埋土種子となって残存するため，その再生がないことを確認するには，少なくとも3年は必要である．これまでの報告では，10年以上後にも発芽してくる植物があり，実施後4～5年間，毎年確認して傾向を把握する必要がある．

外来生物法の施行により，外来植物を避けて，在来種による緑化が急増している．しかし，用いられるのは，中国・韓国などから輸入された「外国産在来種」であることが多い．これらの植物のリスク評価が必要である．また，国内産といえども，地域の異なる系統の利用についても研究が必要である．

外来植物は，貿易に伴って非意図的にもたらされることが多い．貿易上緊密な関係にあるアメリカ合衆国・オーストラリア・中国などとの共同研究が必要である．また，温暖化にともない東南アジアの近隣諸国から侵入するリスクが高まっている．モンスーンアジア諸国との共同研究も重要である．

6．成果の公開

2005年7月の研究開始から2008年3月までの間に，計9回の公開セミナー（そのうち2回は国際セミナー）を全国各地（札幌，東京，筑波，神戸，岡山，倉敷，福岡）で実施し，そのつど研究成果を公開し，また一般の方からのご意見を伺うようにしてきた．第1回つくば市（2005年12月18日），第2回倉敷市（2006年3月5日），第3回岡山市（2006年8月5日），第4回福岡市，（2006年10月21日），第5回東京・国際フォーラム（2006年12月10日），第6回つくば市（2006年12月12～14日，国際セミナー），第7回札幌市（2007年8月4日），第8回つくば市（2007年10月22～23日，農環研国際セミナー）．第9回神戸市（2008年2月17日）．これらの公開セミナーの内容や質疑応答等については，下記のホームページで紹介しているのでご参照いただきたい．

（http://www.niaes.affrc.go.jp/project/plant_alien/index.html）

7．おわりに

近年，身土不二が見直され，地産地消が好まれるようになってきた．しかし，人間は導入された植物を用いた農業を行って日々の糧を得ざるを得ない

宿命を持っている．もちろん，できるだけ自然に対する影響を少なくし，自然の恵みから必要なだけの糧を得る必要がある．皮肉なことに，外来生物の規制を世界でもっとも厳しく実施しているオーストラリア・ニュージーランドと，アメリカ合衆国やブラジルなどの多くの人々の先祖は100～200年まえの比較的あたらしい時代に移住した移民の子孫であり，わたしたち日本人の祖先も，やや古いが2000年～3000年まえに東南アジアなどから移住してきた外来動物である．自然環境に最も大きな影響を与えているのは人間であろう．しかし，だからといって，人間の移動や貿易を規制することはできない．外来植物にも美を見いだし，これを好む人も多い．「帰化植物を楽しむ」という本には，植物が好きな人は外来植物にも美を見出し大切にしている様子が見える．また，日本人ほど，世界各地の料理を取り入れている国民はない．日本人の先祖は，いろいろな食材を食べる好奇心と智恵があった．将来も，生物多様性から恩恵を受けて，いろいろな動植物を食材にして，生き残っていくことだろう．そのためにも，外来植物のリスクを正しく評価し，生態系や人間に悪い影響を及ぼすものは排除し，人間に有益なものはうまく利用して行きたい．そして，このような研究が新しい農学の発展につながることを願っている．

引用文献

浅井康宏 1993. 緑の侵入者たち 帰化植物のはなし．朝日新聞社，pp. 57-61.

Callaway R.M. and Aschenhoung E.T. 2000. Invasive Plants versus their New and Old Neighbors : A Mechanism for Exotic Invasion., Science 290 : 521-523

FAO 2005. Procedures for weed risk assessment, pp. 1-16.

藤井義晴 2000. アレロパシー 他感物質の作用と利用．農文協，pp. 1-230.

藤井義晴・平舘俊太郎・大瀬健嗣・服部眞幸・Pariasca Dororosa 2007. 外来植物のアレロパシー活性のプラントボックス法による検定結果のデータベース化．日本雑草学会第46回講演会講演要旨．52 (I) : 76-77.

Iqbal Z, Nasir H, Hiradate S, Fujii Y, 2006. Potential allelochemicals from comfrey (*Symphytum officinale* L), 日本雑草学会第45回講演会講演要旨，51 (I) : 18-19.

角野康郎 2005. 外来生物規制 日本固有の自然を残すため, 朝日新聞 朝刊 2005年11月15日号

Kamo, T., Endo, M., Sato, M., Kasahara, R., Yamaya, H., HIradate, S., Fujii, Y., Hirai, N. and Hirota M. 2008. Limited distribution of natural cyanamide in higher plants: occurrence in Vicia villosa subsp. varia, V. cracca, and Robinia pseudo-acacia. Phytochemistry 69 (in press)

川田清和・土方直美・中村徹・池田浩明 2007. 茨城県小貝川におけるオオブタクサ・アレチウリの侵入が種組成に及ぼす影響, 日本生態学会第54回大会講演要旨集

環境省環境研のHP 外来植物99種 http://www.nies.go.jp/biodiversity/invasive/vascular_sp.html

近田文弘・清水建美・濱崎恭美 2006. 帰化植物を楽しむ, トンボ出版, pp. 166-237.

楠本良延・大黒俊哉・井手 任 2006. 農業環境研究成果情報, 22 : 32-33.

近藤三雄 2005. 外来生物法 花や芝の安易な排斥は疑問, 朝日新聞 朝刊 2005年10月3日号

森田沙綾香・平舘俊太郎・楠本良延・山本勝利・藤井義晴 2007. 在来植物および外来植物が生育する土壌環境：在来植物4種, 外来植物4種, および雑種タンポポの室内栽培実験から. 日本土壌肥料学会講演要旨集第53集 p.102.

村中孝司・鷲谷いづみ 2006. 日本における外来種問題の現状と課題：—特に外来緑化植物シナダレスズメガヤの侵入における問題について—, 哺乳類科学, 46 : 75-80.

村中孝司・石井潤・鷲谷いづみ・宮脇成生 2005. 特定外来生物に指定すべき外来植物種とその優先度に関する保全生態学的視点からの検討, 保全生態学研究 10 (1) : 19-33

村岡哲郎・榎本 敬・藤井義晴 2007. 世界遺産ガラパゴスの自然をたずねて—その固有な生態系と外来植物防除の取り組み—, 植調, 40 (10) : 386-395.

中尾佐助 1966. 栽培植物と農耕の起源, 岩波新書, pp. 27-39.

日本生態学会/編 村上興正・鷲谷いづみ監修 2002. 外来種ハンドブック, pp.298-362, 地人書館

Sekine T., Sugano M., Majid A. and Fujii Y. 2007. Screening of antifungal volatile compounds from spices and herbs and isolation of cuminaldehyde from Black Zira

(*Bunium persicum*). Journal Chem. Ecol. 33 (11) : 2123-2132.

芝池博幸 2005. 無融合生殖種と有性生殖種の出会い-日本に侵入したセイヨウタンポポの場合-，生物科学 56 : 74-82.

芝池博幸 2007. タンポポ調査と雑種性タンポポ，浅井元朗・芝池博幸/編 2007農業と雑草の生態学 侵入植物から遺伝子組換え作物まで，文一総合出版，pp. 115-119.

清水矩宏 1995. 草地・耕地への強害外来雑種の侵入経路，植調29 (7) : 11-20.

清水矩宏・森田弘彦・廣田伸七 2001. 日本帰化植物写真図鑑 Plant invader 600種，全国農村教育協会，pp. 1-555.

Shimono Y. and Konuma A. 2008. Effects of human-mediated processes on weed species competition in internationally traded grain commodities. Weed Research (in press).

菅野真実・橋爪　健・平井久雄・平舘俊太郎・藤井義晴 2007. 新たに導入する外来植物のアレロパシー活性のサンドイッチ法，プラントボックス法による検定，2007年度植物生理学会講演要旨集.

梅本信也 1997. タカサブロウの起源-痩果の変異からの一考察-，雑草の自然史（山口裕文編集）．北大図書刊行会，pp. 35-45,

梅本信也・山口裕文 1999. タカサブロウとアメリカタカサブロウの日本への帰化様式，大阪府立大学農学部学術報告，51 : 25-31.

山谷紘子・平舘俊太郎・藤井義晴 2007. 小笠原・沖縄で蔓延している外来植物ギンネムの葉中に含まれる植物生育阻害物質の単離・同定，第46回日本雑草学会講演要旨集.

山谷紘子・平舘俊太郎・藤井義晴 2007. 小笠原で蔓延している外来植物アカギ葉中に含まれる植物生育阻害物質の全活性法による評価，第46回日本雑草学会講演要旨集..

第3章
外来牧草の有効利用のためのリスク管理

黒川　俊二

（独）畜産草地研究所　飼料作生産性向上研究チーム

1．はじめに

　外来生物問題は，その予防や影響緩和のための指針原則が生物多様性条約第6回締約国会議で決議されるなど，いまや生物多様性保全における最重要課題の1つとして国際的に注目されている問題であり，国としての実効力のある対応が求められている．わが国においても，明治時代以降に多種多様な外来種が，さまざまな産業を支えるため，あるいは鑑賞，愛玩目的に導入されてきた．これらの中には，生態系，人，農林水産業などに対して，導入の際には想定されなかった甚大な影響をもたらすものも出てきた．畜産業においても，輸入飼料への種子混入による非意図的導入によって，多種多様な外来雑草が飼料畑に侵入し，壊滅的な被害をもたらす状況が20年近く続いている．こうした状況の中，平成16年6月2日に「外来生物法」が公布され，植物においては，これまでに12種類が特定外来生物に指定された．これらは，飼育・栽培・保管・運搬・販売・譲渡・輸入・野外に放つことが原則禁止されている．その影響の大きさにもかかわらずこれまでなんら規制を受けることがなかった外来生物に対して一定の規制がかかることは，わが国における生物多様性保全のためには大きな一歩となった．しかし同時に，その法律の特徴に起因して，さまざまな混乱や問題も生じることとなった．その中で最も大きな問題と考えられるのが，特定外来生物の選定対象が，法律制定以降に導入したものではなく，概ね明治元年以降にわが国に導入された生物となっ

ていることである．つまり，これまでさまざまな産業を支えてきた外来種においても特定外来生物の選定対象になりうるということであり，ここで取り上げる外来牧草についてもその選定対象になりうる．

特定外来生物などの選定過程において，外来生物法に基づく規制が課されるものではないが，生態系に悪影響を及ぼしうる種が，要注意外来生物としてリストアップされている．このリストは，平成16年9月1日に中央環境審議会野生生物部会外来生物対策小委員会から岩槻委員長談話として出された「外来生物問題に関する総合的な取組について」を受け，外来生物法のみをもって対応できない問題への対応の1つとして，関係者の関心を高めることを目的に作成されたものである．それらは4つのカテゴリー，すなわち，(1) 被害に係る一定の知見があり，引き続き指定の適否について検討する外来生物，(2) 被害に係る知見が不足しており，引き続き情報の集積に努める外来生物，(3) 選定の対象とならないが注意喚起が必要な外来生物（他法令の規制対象種），および (4) 別途総合的な取組みを進める外来生物（緑化植物）に分けられている．これらのうち，(1)と(2)は特定外来生物の指定の適否についてさらに検討される対象となっており，次期指定対象の最有力候補となりうる種がリストアップされている．植物防疫法など他の法令によりすでに規制がかかっている種の中で，生態系などへの被害が指摘されているものについては(3)の中にリストアップされ，注意喚起されている．最後の(4)は，植物のみが対象となっているカテゴリーで，上述の岩槻委員長談話の中で「生物多様性の保全の観点からの緑化植物の取扱い」として問題提起されたことを受けて特別に設けられたものであり，現在12種類の緑化植物が選定されているが，この中に本稿で取り上げる外来牧草5種も含まれている（表3.1）．これら緑化植物については，今後具体的な対応として，被害の発生構造の把握と併せて代替的な植物の入手可能性や代替的な緑化手法の検討などを含めて環境省，農林水産省，林野庁および国土交通省の4省庁が連携して総合的な取組みについて検討をすすめることとなった．しかしながら，ここに含まれる外来牧草5種は，緑化植物であると同時に日本の畜産業を支えている基幹牧草であり，緑化植物としての観点のみから外来生物法が適用され

表 3.1 別途総合的な検討を進める緑化植物として選定された要注意外来植物

和名	学名	文献等で指摘されている影響の内容
イタチハギ	Amorpha fruticosa	生態系（競合・駆逐，環境攪乱）
ギンネム	Leucaena leucocephala	生態系（競合・駆逐，環境攪乱）
ハリエンジュ	Robinia pseudoacacia	生態系（競合・駆逐，環境攪乱）
トウネズミモチ	Ligustrum lucidum	生態系（競合・駆逐）
ハイイロヨモギ	Artemisia sieversiana	生態系（競合・駆逐）
シナダレスズメガヤ	Eragrostis curvula	生態系（競合・駆逐，環境攪乱）
オニウシノケグサ★	Festuca arundinacea	生態系（競合・駆逐），農林水産業
カモガヤ★	Dactylis glomerata	生態系（競合・駆逐），農林水産業
シバムギ	Elymus repens	生態系（競合・駆逐，環境攪乱），農林水産業
ネズミムギ・ホソムギ★	Lolium multiflorum・L. perenne	生態系（競合・駆逐），農林水産業
キシュウスズメノヒエ	Paspalum distichum var. distichum	生態系（競合・駆逐，環境攪乱），農林水産業
オオアワガエリ★	Phleum pratense	生態系（競合・駆逐，環境攪乱），農林水産業

※環境省ホームページ（http://www.env.go.jp/）より引用・作成
★ 現在の自給飼料生産に不可欠な基幹牧草

る場合，わが国の畜産業に大きな混乱が生じることが予想される．

そこで，ここでは，外来牧草の歴史と重要性およびリスクについて再整理するとともに，今後外来牧草を有効利用する上で必要なリスク管理について議論したい．なお，ここでは基幹牧草の1つであるイタリアンライグラス（ネズミムギ；*Lolium multiflorum*）のみを例として取り上げたが，他の基幹牧草種についても，利用場面やリスクの発生場面はイタリアンライグラスとは異なるものの，その重要性と問題点は共通のものが多いと考えられる．

2．外来牧草の歴史とイタリアンライグラスの牧草としての重要性

（1）外来牧草の歴史

酪農が日本に伝わったのは8世紀と言われるが，現代の日本の酪農は，開国後の明治以降にその基礎ができた．明治維新に政府が勧農牧畜政策の展開のために畜産指導所，開拓使農園を設置し，種苗類などの輸入も行った．しかし当時は用途が限られていたことから牛・馬ともに頭数は少なく，牧草が

大規模に栽培されることはなく，粗飼料は山野草やわらで十分であった．1931年には牧野法が制定され，飼料自給の推進が行われたものの，自給飼料作物の栽培面積は増大しなかった．畜産業は第2次世界大戦によって一時中断されたが，戦後，経済の回復とともに，食の欧風化が進み，畜産物の需要が急速に拡大し大きく発展した．これら畜産業の発展に伴って，より家畜の生産性を高める高栄養飼料が求められ，1950年には牧草地の造成事業が，1952年には飼料作物種子の供給・普及事業が行われることにより，栄養価の高い多くの牧草種が導入された．現在でもこれら外来牧草が広く栽培・利用されている．畜産農家の数は近年減少傾向にあるものの，現在の乳用牛の飼養戸数は26,600戸，肉用牛では85,600戸となっている（平成18年畜産統計，2007）．これらの農家の8割以上が飼料作物を作付けしており，乳用牛飼養者では飼料作物の作付面積が497,900 ha，放牧地が57,400 ha，肉用牛飼養者では飼料作物作付面積が175,300 ha，放牧地が33,300haにものぼる（平成18年畜産統計，2007）．

（2）イタリアンライグラスの重要性（畜産）

ここで取り上げるイタリアンライグラスについても，明治初期に導入され，戦後，畜産の発展とともに広く栽培されるようになった（横畠ら，1999）．現在では，全国の作付面積は61,000 ha（農林水産統計，2006）にのぼり，九州を中心として東北から九州・沖縄にいたるまで広く栽培されている．イタリアンライグラスの可消化養分総量（TDN）の割合は，最も栄養価の高い1番草の出穂前では乾物重当たり72.4％にもなり，栽培ヒエ（54.5％），ススキ（55.7％），チガヤ（54.3％）などの在来牧草に比べても非常に品質・栄養価・家畜の嗜好性が高いきわめて重要な牧草種である（表3.2；日本標準飼料成分表，2001，農業技術事典，2006）．また，イタリアンライグラスは，良質であるだけでなく，旺盛な初期生育，強い耐湿性，多収などの長所を有し，各種の作付体系に組み合わせやすいことから，飼料用トウモロコシの裏作や水田裏作として利用され，近年の輸入飼料依存型畜産の中にあって，自給飼料生産の重要な冬作物として二毛作体系に組み込まれている．さ

表3.2 主な牧草種の栄養価

飼料名	学名	栄養価[3]		
		TDN (%)	DE (Mcal/kg)	ME (Mcal/kg)
外来牧草[1]				
オーチャードグラス	*Dactylis glomerata* L.	68.8	3.03	2.57
イタリアンライグラス	*Lolium multiflorum* Lam.	72.4	3.19	2.73
ペレニアルライグラス	*Lolium perenne* L.	71.3	3.14	2.68
チモシー	*Phleum pratense* L.	73.4	3.24	2.77
トールフェスク	*Festuca arundinacea* Schreb.	70.2	3.10	2.64
在来野草				
ヒエ[1],[2]	*Echinochloa utilis* Ohwi et Yabuno	54.5	2.40	1.97
ススキ[1]	*Miscanthus sinensis* Anderss.	55.7	2.46	2.03
チガヤ	*Imperata cylindrica* (L.) Beauv. var. *koenigii* (Retz.) Durand et Schinz.	54.3	2.39	1.96
ネザサ	*Pleioblastus chino* (Franch. et Savat.) Makino	41.3	1.82	1.41

※日本標準飼料成分表（2001年度版）より作成
[1] すべて1番草・出穂前の値
[2] 栽培ヒエ
[3] TDN：Total Digestible Nutrients（可消化養分総量）；DE：Digestible Energy（可消化エネルギー）；ME：Metabolizable Energy（代謝エネルギー）

らに，多回刈りが可能なこと，ロールベーラ体系で収穫・調製できることから，大規模なサイロを必要とせず，必要なときに高品質な飼料を給与できることから，中小規模の酪農家にとっては不可欠な草種となっている．品種群の分化も大きく，それを利用して用途に合わせた品種育成も数多く進められている．

（3）イタリアンライグラスの重要性（緑化植物）

緑化植物としての利用については，のり面緑化におもに用いられている．ペレニアルライグラスやハイブリッドライグラスなどを含めると，のり面のほかに，堤防・河川敷，道路の路肩などで使われており，全国の一般国道と高速道路の芝生・草地の1.4％でライグラス類が使われている（藤崎，1998；環境省ほか，2006）．ペレニアルライグラスに関しては，国土交通省河川局が行った河川などののり面緑化工事では使用率18％，同省港湾局が行ったの

り面緑化工事では使用率11％となっている（環境省ほか，2006）．その際，初期生育の速やかなことを利用して早期緑化を目的として用いられる（環境省ほか，2006）．さらに夏季に枯死して他の芝草に交替することを期待して，他の芝草と混ぜて保護作物として用いられている（江原，1977；北村，1994）．

3．外来牧草イタリアンライグラスのリスク

（1）生態系への影響

前節に示したような有用性の一方で，近年雑草化による問題も顕在化してきた．生態系への影響については，これまでのところ具体的な在来種との競合や交雑による遺伝子汚染などの報告は見当たらない．しかし，在来種との競合が起きるおそれがある例としては，北海道各地の国立・国定公園など，希少種の生育環境に侵入していることが報告されている（五十嵐，2000；五十嵐ら，2001）．希少植物が数多く生育する羊蹄山では，調査された3つの登山コースのうち1つでペレニアルライグラス（*Lolium perenne* L.）の侵入が確認されている（五十嵐ら，2001）．これら帰化種の侵入は登山利用に伴うものと推察されており，規制の必要性が指摘されている．また，固有種の多い利尻島ではイタリアンライグラスの侵入が報告されているが，酪農などによる草地化が進んでいないことから，これらは芝生からの逸出と考えられている（五十嵐，2000）．

（2）人への影響

人体への影響としては，花粉症の集団発生を引き起こした植物の1つとして報告されている（大里ら，1984）．大里ら（1984）は，府中市多摩川沿いの小・中学校において，わずか1週間で延1,398名が花粉症の症状を訴えるという集団発生の事例を報告している．その報告の中で，原因究明のため花粉の調査が行われた結果，捕集花粉のほとんどが河川敷で大量に開花していたペレニアルライグラスであることが確認された．その後，江戸川でも1994年ごろ葛飾区で集団発生が報告されているとともに（中山，2004），松戸市でも

2003年に集団発症が報告されている（山本ら，2005）．また，山本ら（2005）によると，多摩川，荒川，江戸川の河川敷や堤防の植生管理に関する苦情・要望の18.5％が花粉症の防止であり，江戸川で分布量が群を抜いて多いのは，イタリアンライグラスとペレニアルライグラスの雑種（ネズミホソムギ）となっている．こうした状況を受け，イネ科花粉対策を考慮した堤防植生管理の研究が行われ，ネズミホソムギの開花に合わせて除草を行った場合，花粉飛散の抑制効果があること，その除草間隔を1カ月以内に3回行う必要があることなどが明らかにされた（山本ら，2005）．こうした研究成果が地域住民へ広報されるとともに，対策の手引きが作成されるなどすることによって，実際に，著しい花粉の低減効果が確認されている事例も報告されている．

（3）農林水産業への影響

浅井・與語（2005）は農林水産業に対する被害事例を報告している．その中で，関東・東海地域の麦作圃場において，アンケート調査対象60管区の半数以上でイタリアンライグラスの発生が認められ，埼玉県，静岡県の両県では，イタリアンライグラスの被害によって麦類の収穫放棄・次回麦作の作付断念に至る著しい被害事例があるとの回答があったことが報告されている．図3.1-aに，静岡県の麦作圃場に侵入した事例を示す．この地域では，麦作圃場だけでなく，河川沿いの道路（図3.1-b），住宅街の空き地（図3.1-c），海岸の砂浜（図3.1-d）にまで侵入が確認されている．また，近隣にイタリアンライグラスを作付けしている酪農家などがほとんどないことから，耕畜連携に伴う堆肥による麦畑への侵入など農畜産業に起因する侵入とは考えられない状況である．

牧草種が野生化する原因としては，家畜の採食や踏圧，刈取りなどの撹乱に強い性質を持っていることに加え，利用面積が広く，利用地点も多いことがあげられている（山下，2002）．さらに，イタリアンライグラスに関しては，ペレニアルライグラス（ホソムギ）との雑種化が分布域の拡大につながる可能性があることが指摘されている（山下，2002）．実際に，神奈川県では両種の雑種であるネズミホソムギが分布していることが報告されているとと

図 3.1 イタリアンライグラスが麦圃およびその周辺に侵入している様子(静岡県)
　a：麦圃（写真左が深刻な侵入状況），b：河川沿い道路，c：空き地，d：海岸

もに，静岡市に自生しているライグラスの多くが，両種の中間的性質を示したため，種間雑種であると考えられている（神奈川県植物誌，2001；山下，2002）．

（4）イタリアンライグラスの侵入経路

　以上のように，さまざまな場面において，イタリアンライグラスが雑草化し，問題視されるようになってきたが，これらの雑草化イタリアンライグラスの侵入経路はこれまでのところ明らかとなっていない．浅井・與語（2005）によるアンケート調査では，蔓延の要因として飼料作に由来すると考えている回答が最も多く，堆肥に混入していた種子によると考えている回答がそれに次いでいた．しかし一方で，畜産がほとんど行われていない地域において

広範に蔓延する事例や，逆に，大きな酪農地帯でも問題となっていない地域がある．さらに，牧草に関する多くの研究がなされている畜産草地研究所では多様な品種が高頻度に栽培されているにもかかわらず，栽培地からの逸出がほとんど見られないことも報告されており（池田ら，2006），必ずしも飼料作物としての栽培頻度と蔓延は一致していない．わが国において，イタリアンライグラスを含めたライグラス類が導入される経路としては，飼料作物として栽培および緑化植物としてののり面緑化などの意図的な導入のほかに，輸入穀物への種子混入という形で非意図的に導入されていることも確認されている（浅井ら，2007）．1993年から1995年にかけて鹿島港に輸入されたコムギ，オオムギ，ナタネ，ライ麦，オーツムギに混入する雑草種子の調査の結果，アメリカ合衆国産コムギでは，6検体中2検体で，オーストラリア産のオーツムギおよびコムギには，両者とも3検体中3検体すべてに*Lolium*属種子の混入が確認されている（浅井ら，2007）．とくに，オーストラリア産のオーツムギとコムギには，わずか67-535gの検体中に100粒以上の*Lolium*属種子の混入している場合がほとんどであった．

このように，さまざまな場面で侵入している雑草化した*Lolium*属植物集団が，複数ある導入形態のどれに由来するのか，今後解明していく必要がある．また，このようにして導入された系統群の一部分が野生化し，雑種化や淘汰を受けながら環境に適応して雑草化したと考えられるが，その過程についても未だ解明されていないため，今後の研究が待たれる．

4．リスク管理の方向性

ここまで見てきたように，現代の畜産業や緑化事業において必要不可欠な牧草種が目的外の地域・場面において雑草として問題化してきた．これらのリスクを回避するための選択肢としては，大きく2つが考えられる．1つは，リスクの高い種についてはその利用をやめてしまうことである．具体的には，外来生物法による規制を行った場合にはこの選択肢となる．もう1つは，あくまで利用は続けながら，リスクを回避する管理方法を開発していくことである．いずれを選択したとしても関係者の間で利害関係が発生するととも

に，選択した方法でかかるコストを誰が払うのかといった問題が残るだろう．今後さらに議論を深めていく必要があるが，そのためにも2つの選択肢それぞれを選ぶ際に想定される問題を理解しておく必要がある．以下に，外来生物法の規制を行った場合に想定される問題，利用を続けながらリスクを回避する管理方法を開発するにあたって必要となる課題について整理した．

(1) 外来生物法による規制を行った場合に想定される問題点

こちらの選択肢を選んだ際の問題としては，これまでのところ，緑化植物としての検討のみで指摘されている．4省庁で検討された「平成17年度社会資本整備事業調整費（調査の部）平成17年度外来生物による被害の防止などに配慮した緑化植物取扱方針検討調査報告書」によると，現段階では，外来緑化植物に替わる在来緑化植物の供給体制が整っていないことや機能的に補完でき生態系などへの影響がない代替種が明らかになっていないことなどから，現状において調査対象種の使用を取りやめることは困難である，と判断されている．しかし，先にも述べたように，畜産業を支える基幹牧草種5種については，畜産業に与える影響についても考える必要がある．

外来生物法による規制を行った場合，畜産利用の場面では先述のとおり，代替性のある在来牧草はないので，その分を輸入飼料に切り替える必要が出てくる．そのため，それはただちに飼料自給率の低下をもたらすことにつながる．図3.2に，近年の飼料供給量の推移のグラフを示す．現在の飼料自給率は，TDNベースで24.7％と非常に低いが，粗飼料のみでみると77.3％にものぼる．これら自給粗飼料には，牧草だけでなく，トウモロコシ，ソルガム，エンバクなども含まれるため，基幹牧草のみを計算することは難しいが，その年間の収穫量（平成18年産飼料作物の作付（栽培）面積および収穫量（牧草，青刈りとうもろこし，ソルゴーおよび青刈りえん麦）から推定）と日本標準飼料成分表（2001年度版）に示されているTDN割合から推計すると，マメ科牧草との混播の分を除いても基幹牧草が支えている粗飼料自給率は51.5％にも及ぶと推察される．仮にこれらがすべて輸入粗飼料に転じた場合には，粗飼料自給率は25.8％に，全体では13.5％にまで落ち込むと試算でき

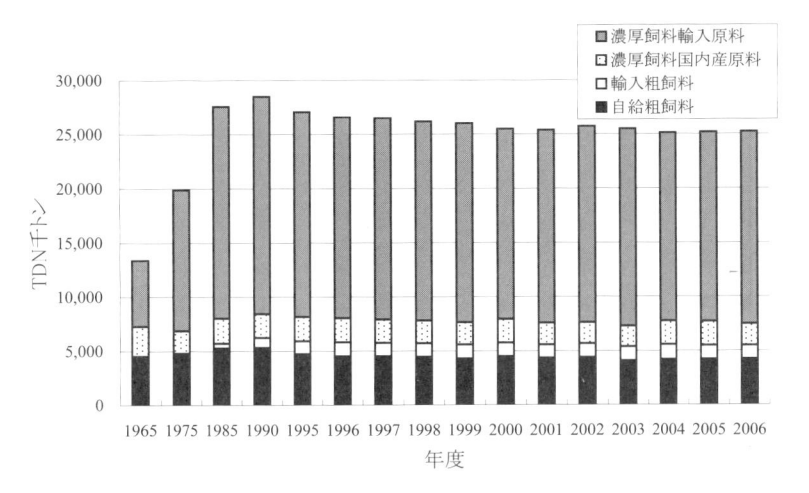

図 3.2　飼料供給量の推移（食糧需給表（平成18年度版）より作成）

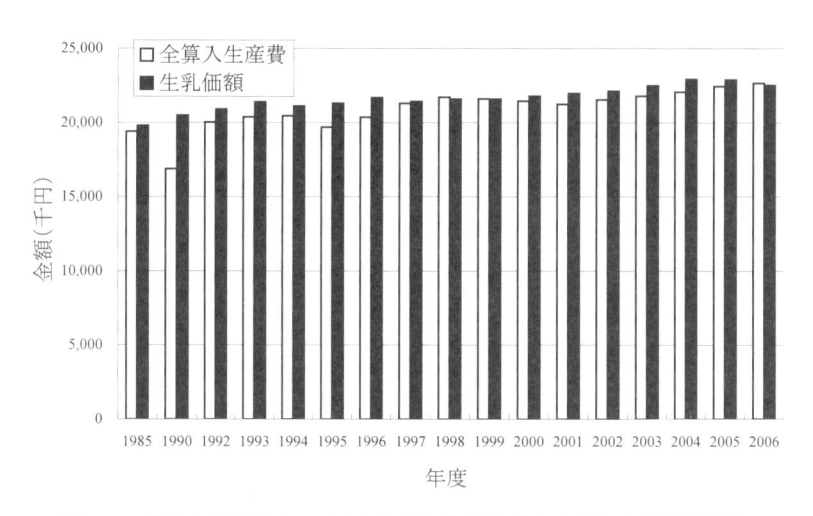

図 3.3　乳用牛飼養農家1戸当たり通年換算牛乳生産費と生乳価額推移
　　　　（平成18年畜産物生産費より作成）

る.

　次に，畜産経営，とくに酪農経営に与える影響を考えてみる．図3.3に，乳用牛飼養農家1戸当たり通年換算牛乳生産費と生乳価額推移を示す．年々,

表3.3 乳用牛飼養農家におけるイタリアンライグラス飼料の種類と使用割合
（平成18年畜産物生産費より作成）

イタリアンライグラス飼料の種類	単価（円/TDNkg）	1戸当たり通年使用数量（TDN kg）	割合（%）
輸入乾牧草	52.6	673.9	19.2
自給イタリアン合計		2840.1	80.8
自給生草	33.6	158.1	4.5
自給乾草	26.2	820.8	23.4
自給サイレージ	40.1	1861.2	53.0
現状全イタリアン合計		3514.0	(100.0)

牛乳生産費は上がっており，平成18年には，乳牛の取得価格の上昇や原油価格の高騰により光熱動力費が増加した一方で，乳価の低下による粗収益の減少によって，ついに収支が逆転してしまっている．

このような厳しい経営状況の中，仮にイタリアンライグラスが栽培できなくなった場合の影響を試算するため，表3.3にイタリアンライグラスの使用状況を示した．注目すべきは，輸入イタリアンライグラスと，自給イタリアンライグラスの単価とその使用割合である．輸入イタリアンライグラスはすべて乾草であるが，同じ自給イタリアンライグラス乾草のほぼ2倍の単価となっている．こうした状況から，使用量の80.8%が自給イタリアンライグラスとなっている．また，自給イタリアンライグラスには，乾草の他に，生草の利用があるとともに，サイレージ利用の割合が6割を超えている．しかし，これらを輸入することは現実的には無理である．実際には自給分をすべて輸入イタリアンライグラス

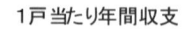

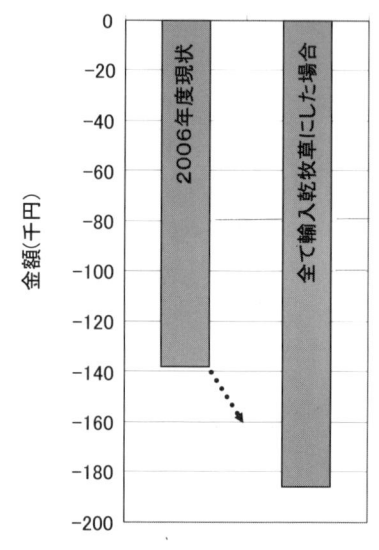

図3.4 自給イタリアンライグラスをTDN換算ですべて輸入乾草にした場合に酪農家の年間収支に与える影響（黒川試算）

で代替することはできないが，仮にそれらをすべてTDN換算ですべて輸入イタリアンライグラス乾草に代えた場合の経営上の影響を試算してみた．その結果，先に述べた2006年度で1戸あたりの収支が－137,944円という現状からさらに34.7％減収となり，－185,877円にまで赤字が広がる計算となった（図3.4）．

また，輸入乾草の単価は輸入飼料の生産国の状況の変化によって大きく変わる可能性があり，ここで示した試算結果は生産国事情によって大きく左右されるという，きわめて不安定な経営状況となることが予想される．

一方，外来牧草の国内栽培を中止して輸入粗飼料利用へと転換することは，外来雑草の非意図的導入の機会の増大につながることも指摘する必要がある．浅井ら（2007）が示しているように，輸入穀物への大量の外来雑草種子の混入実態があるとともに，輸入牧乾草にも多種多様な外来雑草種子が混入していることが確認されている（黒川，1998）．輸入穀物や輸入牧乾草による非意図的導入は，さまざまな外来雑草の主要な侵入経路であることが知られており，その頻度が増すことにより侵入リスクも増すため，自給粗飼料生産の縮小は，非意図的導入の侵入リスクを今にもまして増大させることとなるであろう．さらに，現時点では雑草化が生じている現場での侵入経路が不明であるため，もし，侵入経路がこの非意図的導入であった場合には，たとえ外来生物法の規制によって国内畜産業における外来牧草の栽培・利用をとめたとしても直接的効果は望めないこととなる．

以上，国民への安心・安全な農畜産物供給に重要な食料自給率への影響，現状ですでに厳しい畜産経営への影響，非意図的導入リスクの増大および規制による直接的効果が不明な現状，等々を考慮すると，現段階では，この選択肢は現実的ではないと考えられる．

（2）今後も有効利用を続けながらリスク回避技術を開発する上での課題

今後も有効利用を続ける方向での選択肢で大きな問題となるのが，最も費用対効果の高い水際での侵入阻止を行うことが難しい点である．それでも，

より効果的にリスク回避をするためには，侵入経路・拡散機構を明確にし，害が発生する場所への侵入を初期の段階で防ぐ方策を立てることが必要である．利用を続ける方向でのリスク管理の一案を図3.5にフローチャートとして示す．

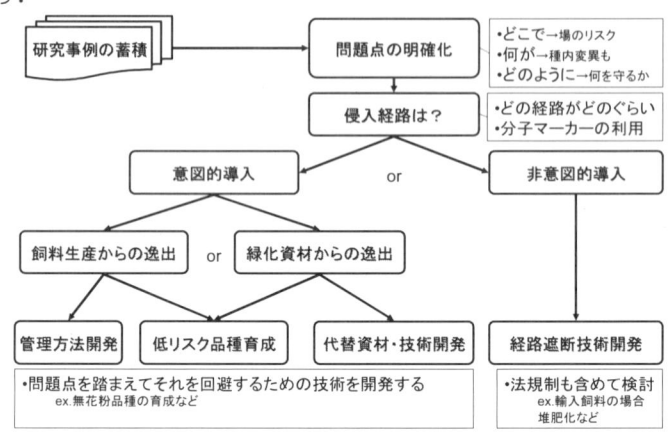

図3.5　外来牧草のリスク管理法確立までの道のり

　最初に行うことは，問題点をより明確にすることである．つまり，どこのどのような場所で，どのような系統群が（種内変異も考慮する），どのような形で問題を引き起こしているかを明確にする必要がある．先述のとおり，外来牧草に関してもすでにいくつか事例が報告がされているものの，国レベルの規模での調査はそれほど多くないため，今後も事例の蓄積と問題点の分析を行っていく必要がある．

　次に，それぞれリスクが発生する場への侵入経路・拡散機構を明らかにする．この段階は，侵入源からリスク発生の場への流れの'元栓を締める作業'につながるため，非常に重要である．たとえばイタリアンライグラスの場合，のり面緑化あるいは畜産利用の意図的導入と輸入穀物などへの種子混入という非意図的導入の，大きく3つが考えられる．雑草化している集団がこのどれに由来するかが明らかになれば，その経路の遮断技術の開発が重要となる．これまで，イタリアンライグラスを含む*Lolium*属については，分子マーカーレベルでの研究が行われている（山下ら，1993；山下ら，1999；飛

奈ら，2007）．*Lolium*属牧草は，先述のとおり，非常に多くの品種群が育成されてきただけでなく，他殖性の作物であるため，遺伝的にさまざまな性質を持つ系統群を合わせた集団としての品種育成が行われる．そのため，ヘテロな集団として成り立っている品種群に対して品種識別を行うことが容易でない．そのような中，山下ら（1993）は8のアイソザイム遺伝子座における対立遺伝子頻度の差で集団を識別することを提案している．また，Hirata *et al.*（2006）は218遺伝子座におけるSSR（Simple‐Sequence Repeats）マーカーの開発に成功しており，より精密に品種・系統識別を行える準備が整っている．山下ら（1999）は，具体的に，アイソザイムおよびRAPD（Random Amplified Polymorphic DNA）マーカーによって，日本，フランス，ドイツのペレニアルライグラス自生集団と栽培品種について遺伝的多様性の比較を行っている．その結果，多様性の80％以上が集団内の変異によるものが明らかにされた．このことからも，品種識別が容易でないことがわかる．一方，飛奈ら（2007）は，Hirata *et al.*（2006）により作出されたSSRマーカーなどを用いて，ペレニアルライグラスとイタリアンライグラスを識別するマーカーの選抜を試みている．これは，雑草化している*Lolium*属集団の多くが，両種の雑種であるといわれているためである（山下，2002）．現在，著者らのグループにおいても，雑草化している*Lolium*属集団の遺伝的背景を明らかにするため，イタリアンライグラスとペレニアルライグラスの国内栽培品種，およびオーストラリアで問題となっている*Lolium rigidum*（ボウムギ）などを材料に加えて遺伝子型レベルでの識別を行う研究を行っている．これらの研究が進めば，近い将来，侵入経路・拡散機構が明らかになるに違いない．

　侵入経路が明らかになれば，その経路を遮断する技術開発を行うこととなる．その際，第1段階で明確となったリスクを回避する上で必要な条件を十分考慮して行う必要がある．仮に，飼料生産現場からの逸出であることが明らかになった際には，逸出させない栽培管理の開発が必要となる．のり面緑化からの逸出である場合には，完全な逸出を防ぐ管理は現実的ではないので，リスクが生じる地域・場面での使用を控えることや外来種も含めた代替種の検索などが必要になるであろう．また，問題を引き起こしている系統群

の遺伝的・生態的特徴が明らかになっていれば，低リスク品種の育種も飼料生産とのり面緑化の両方に有効となるであろう．現在，低リスク品種については，実用レベルのものも開発されつつある．近年，人体への被害の花粉症対策として，花粉の出ない雄性不稔品種の育成が進められている．イタリアンライグラスについては，遺伝様式の解明を通じた完全雄性不稔系統の育成が進められている（荒川ら，2003）．また，トールフェスクについてはすでに雄性不稔品種「エムエスティワン」が登録・市販化されており，花粉症対策の品種育成も実用レベルに達してきたと考えられる（藤森ら，2006）．こうした雄性不稔育種は，種子逸脱の回避にも役立つと考えられ，外来牧草の品種育成レベルでのリスク管理として大いに期待される．

　侵入経路が非意図的導入による場合，どのような場所にいつ発生するか予測することが難しいため，その管理は非常に厄介である．また，侵入初期には気づかないことが多く，気づいたときには爆発的な増殖が起きた後であるため防除が難しい．恒常的な侵入経路の遮断技術が必要となる．侵入源が輸入飼料である場合には，最初に到達するのは堆肥を通じて投入される飼料畑になる．そのため，飼料畑に侵入させない技術開発が重要となる．輸入飼料中の雑草種子を飼料畑に侵入させない技術しては堆肥化の熱を利用する方法がある．堆肥の温度が57.1℃になると堆肥中の雑草種子のほとんどが死滅することが明らかとなっている（Nishida *et al.*, 1998）．外来生物法では，こうした非意図的導入に対しては直接の規制対象とならないため，高リスク種が混入した輸入資材への何らかの法規制が今後必要となるかもしれない．

5．おわりに

　最後に，外来牧草問題の要素を整理すると，①利用性とリスクが存在すること，②利用性については現段階で代替性のある在来種がないこと，③利用性で貢献しているのは国民の食糧供給を担う国家レベルの産業であること，④リスクの元となる侵入源には利用しているもの以外にも非意図的導入の可能性もあること，⑤外来生物法による規制では利用性がすべて遮断されること，および⑥外来生物法では非意図的導入は防げないことである．前節

で，有効利用をしていく上でのリスク管理の方向性について一案を示したが，今後，他にもさまざまな方法が議論されていくものと考えられるが，その際には，この事実として存在する6点の問題点の要素をしっかり踏まえて行っていく必要がある．先にも述べたが，関係者が異なる複数の利用性がある点やリスクが生じる関係者も異なるため，選択するリスク管理の方法によっては利害関係のバランスが偏ってしまうことも大いにありうる．よりバランスの取れた管理方法を見出すためには，分野横断的な研究の推進が必要であるとともに，分野間での積極的な議論の場が重要となるに違いない．

引用文献

荒川 明・藤森雅博・小松敏憲・内山和宏・杉田紳一 2003. イタリアンライグラスにおける雄性不稔性の遺伝解析，畜産草地研究所研究報告 3：15-22.

浅井元朗・黒川俊二・清水矩宏・榎本敬 2007. 1990年代の輸入冬作穀物中の混入雑草種子とその種組成，雑草研究 52：1-10.

浅井元朗・與語靖洋 2005. 関東・東海地域の麦作圃場におけるカラスムギ，ネズミムギの発生実態とその背景，雑草研究 50：73-81.

江原 薫 1977. 芝草の種類と品種4 ライグラス類2) イタリアン・ライグラス．日本芝草研究会編，総説芝生と芝草，ソフトサイエンス社，東京．97-99.

藤崎健一郎 1988. 芝草と品種．ソフトサイエンス社，東京．276-283.

五十嵐博 2000. 利尻島産帰化植物目録1999，利尻研究 19：93-96.

五十嵐博・丹羽真一・渡辺 修・渡辺展之 2001. 北海道羊蹄山の高等植物目録，小樽市博物館紀要 14：91-117.

池田堅太郎・黒川俊二・小林寿美・森田聡一郎・菅野 勉 2006. イタリアンライグラス自生集団および栽培集団から周辺環境へ拡散しない事例，日本草地学会誌 52（別2）：172-173.

神奈川県植物誌調査会 2001. 神奈川県植物誌2001．神奈川県立生命の星・地球博物館，神奈川．270.

環境省自然環境局・農林水産省農村振興局・林野庁・国土交通省都市・地域整備局・国土交通省河川局・国土交通省道路局・国土交通省港湾局 2006. 平成17年度外来生物

による被害の防止等に配慮した緑化植物取扱方針検討調査報告書，環境省，東京．1-283.

北村文雄 1994．Ⅳ．公共緑地に使われる芝草の種類と特性　d.ライグラス類（Ryegrasses）．近藤三雄・伊藤英昌・高遠　宏編，公共緑地の芝生〜アメニティターフをめざして〜，株式会社ソフトサイエンス社，東京，131.

農業技術研究機構 2001．日本標準飼料成分表（2001年度版），独立行政法人農業技術研究機構，茨城．16-34.

農業・生物系特定産業技術研究機構 2006．最新農業技術事典，農業・生物系特定産業技術研究機構編著，茨城．83.

大里敏彦・木下正彦・高尾幸江・正山正博・徳谷　泰・古川　誠・松井美奈子・池田信也・湊　孝治・浅井　葵・坪根昭代・生田恵子・中島　茂・田原由起子・木ノ内良治・渡辺泰男・依田　修・遅塚令二 1984．府中市におけるイネ科花粉症集団発生事例について，東京都衛生局学会誌 73：128-129.

飛奈宏幸・山下雅幸・小泉厚浩・藤森雅博・高溝　正・平田球子・佐々木亨・山田敏彦・澤田　均 2007．ペレニアルライグラス（*Lolium perenne*）とイタリアンライグラス（*L. multiflorum*）を識別するDNAマーカーの選抜，日本草地学会誌 53：138-146.

山本晃一・戸谷英雄・谷村大三郎・石橋祥宏・平田真二 2005.イネ科花粉対策を考慮した堤防植生管理の研究，河川環境総合研究所報告 11：63-78.

山下雅幸・阿部　純・島本義也 1993．ペレニアルライグラス（*Lolium perenne* L.）におけるアイソザイム遺伝子頻度の変異と遺伝的分化，日本草地学会誌 38：459-468.

山下雅幸・澤田　均・山田敏彦 1999.日本，フランス，ドイツから収集したペレニアルライグラス（*Lolium perenne* L.）の遺伝的多様性，日本草地学会誌 45：290-298.

山下雅幸 2002．外来牧草の野生化，日本草地学会誌 48：161-167.

横畠吉彦・田瀬和浩・上山泰史 1999．1.寒地型イネ科牧草 1）イタリアンライグラス，牧草・飼料作物の品種解説，日本飼料作物種子協会，東京．9-17.

第4章
ランドスケープ再生事業における生物多様性配慮と外来植物

小林 達明
千葉大学大学院園芸学研究科

1. ランドスケープ計画と外来生物の生態的侵略

　本章ではランドスケープ事業における外来植物の問題について検討する．最初に，生態的回廊の計画における外来生物問題の意味を考え，次に，外来植物被害がもっとも報告されている河川に関係する植物の取り扱いについて検討する．続いて，種内変異の問題として外国産「郷土植物」の問題について述べ，最後に，外来種の防除について幅広い社会の対応がなされている米国ワシントン州の例を紹介する．
　ランドスケープ計画の生態学的な理論的基礎は Forman & Godron（1986）の Landscape Ecology によって初めて体系的に整備された．彼らによれば，地域のランドスケープはパッチ Patch と呼ばれるランドスケープ単位を基礎になりたっている．その形態や配列のパターンはコリドー（生態的回廊）やエッジ（パッチの周縁）などと呼ばれ，それらが生態系の機能に与える影響が研究されてきた．都市化などで生物の生息地が分断されると，大型動物などはその生活史を完結できずに，急激に個体数を減少させる場合がある．また，個体数が減少し，周囲からの環境影響を受けやすくなるために，個体群の絶滅確率が増大する．さらに，遺伝的な隔離による集団の遺伝的な多様性

の劣化は，集団のカタストロフな崩壊の危険性を高める．

そのような危険を避けるために，生息地を連結して，個体群や種の絶滅を起きにくくする方法として，コリドーは注目されてきた．生態学的にはコリドーの効果は十分に解明されていないとの反論もある一方，ヨーロッパでは急速にその考え方が社会に広く受け入れられ，国境を越えた汎ヨーロッパ生態回廊計画が進行中である（欧州評議会ホームページ The Pan‐Europian Ecological Network）．わが国においても，第三次生物多様性国家戦略などで生態系ネットワークの考え方が大きく打ち出されるようになってきており，今後，既存の自然性の高い緑地を中心に回廊の整備が進むことが予想される．

そこでは生物多様性の保全だけでなく，良好な景観や，人と自然とのふれあいの場の提供，気候変動の緩和，都市環境・水環境の改善，国土の保全など多面的な機能が発揮されることが期待されている．また，今後進行すると予想される気候温暖化に伴う生物の生息域・分布域の変化にできるだけスムーズに適応できる環境を整備しておくという意味も持っている．

コリドーの役割を評価した初期の文献として，Elton（1958）の「侵略の生態学」は外来生物の侵略を初めて生態学的に論じた意味でも重要なものある．Eltonは農地における害虫の発生状況などから群集の安定性を論じる中で，農薬による個体数制御は対症療法に過ぎず，長期的には生物の多様性がそれを安定させると考えた（多様性-安定性仮説）．英国の農村では防風などの役割のために生け垣植生（hedge row）が回廊のように配置される伝統がある．生物相が単純化された農地の周辺に，種数の多いそのような生け垣植生が保全されていれば，そこに生息する捕食者や寄生種の役割によって，特定の生物の個体数の爆発的増大が抑制されると彼は考えた．

多様性-安定性仮説についてはその後多くの検証研究がなされて，生物多様性が群集の安定性をもたらすと一般には言えないことが明らかになった．現在の群集生態学はより問題を整理して，外来種に対する特異的な捕食者の存在や競争者との資源利用能の違いによって，外来種の侵略的増殖が進むかどうかが決まるとしている（Shea & Chesson, 2002）．成熟した生態系では，

資源を効率的に利用するように，捕食者や競争者が緻密に存在して，群集は平衡状態にあり，外来種の増殖を許すニッチの空白が少ない．単に生物多様性の高低ではなく，生態系の歴史的な成熟度が重要と言える．

　Tilman (2004) は，生物多様性が高い群落が外来種の侵略に一般的に強いのは，生物の多様性だけに依存するのではなく，多種間の確率的な競争の結果生じた，資源の一様なレベルの低さによってもたらされると説く．そのような環境では新たに加入する外来種は成長に必要な資源を得られず，繁殖にいたることができない．一方，資源が豊かで余剰が生じやすい環境では，資源供給が外来種の資源要求性を満たすために，生き残りが生じやすく，その結果，定着後急速に成長する性質のある侵略種の繁殖を許してしまうとしている．

　さまざまに調査地の面積を変えて，種多様性と生態系の外来種に対する被侵略性の関係を検討した結果，小さいスケールではそれらは負の相関関係を持つが，大きなスケールでは正の相関関係を持つ場合があることが報告されている（たとえば Stohlgren et al., 2006）．その原因には諸説あるが，次のような考え方もできるだろう．様々な群落のタイプやステージを内包するランドスケープでは，立地の多様性が高くなり，種数も増加する．そのようなランドスケープはしばしば撹乱環境を内包するが，そのような条件は外来生物の加入を受け入れやすい．その結果，ランドスケープレベルでは，種多様性の高さは必ずしも外来種の侵略に対する抵抗性の高さを意味しない．

　これらの研究結果はコリドーへの信頼性に警告を発している．コリドーは生物多様性のソースとして機能する．しかしそれは在来生物にとってだけとは限らない．在来の多くの種によってきめ細かく利用しつくされて，面積も広い原生的で安定した生態系は，一般に外来種に対して抵抗力があると考えてよいだろう．しかしコリドーはしばしば不安定であり，特に新しく造成された緑地や周期的に撹乱が発生する河川，従来の土地利用が崩れて生態系への作用が変化している里山などは，侵略的な性質を持つ種の増殖が起きやすい空間であり，外来種のソースとしても機能しうる．

　特に都市化などによって富栄養化された生態系は，侵略的な種の優占を許

図4.1 オオブタクサなどが繁茂した千葉県松戸市の国分川

しやすい．人為的に多自然化された都市河川では，しばしば外来種が蔓延しているケースが見られる（図4.1）．そのようなコリドーはまさに「低質のコリドー」であり，外来生物の分散経路となって，その分布拡大を積極的に促進するおそれがある．パッチが細かく入り組んでいて境界部分が長く，攪乱パッチが多い里山や河川のランドスケープの生物多様性を保全するには，侵略的外来生物の侵入を予防するとともに，防除管理についても配慮しなくてはならない．

2．河川における植物の侵略性評価

（1）河川雑草リスク評価システムの検討

生態学的侵略とは生物の侵略性 invasiveness だけによって引き起こされるのではなく，環境の被侵略性 invasibility との関係が重要である．わが国の特定外来生物法をはじめ，先進諸国で行われている国境の検疫段階で侵略的外来生物の導入を阻止するという予防的方法は，コストーパフォーマンスの見地からはもっとも効率の高い方法だが，検疫時点では環境の被侵略性については考慮できない．したがって，生物の特性や過去の侵略履歴から侵略的外来植物を判定するのが普通だが，生態学的な見地からは少々無理がある方法と言える．適切に生態学的侵略リスクを見積もるには，環境特性との関係を

見る必要がある．

　わが国の森林では，島嶼部におけるアカギやギンネムの例などを除いて，外来植物の侵略的被害はこれまでほとんど報告されていない．わが国の成熟した森林の在来種フロラは豊かであり，外来植物のつけいる隙は少ない．これまでわが国で報告されている外来生物被害のほとんどは，島嶼を除けば，よりオープンなハビタットである湿地環境，とりわけ河川・池沼におけるものである．それは，侵略的外来種を抽出できるような全国スケールの体系的調査が，河川でしか行われていないことにもよるが，その環境が外来生物に適したニッチを提供していることが大きな要因である．

　そこで，オーストラリアの外来植物検疫管理で実用されているオーストラリア雑草リスク評価システム（AWRA, Pheloungら, 1999）をもとに，わが国の河川用に再検討してみた（水落, 2006）．AWRAは植物に関する49の質問項目で構成されている．質問項目は，栽培特性，気候と分布，他の地域での雑草化の歴史からなる「生物地理学的な質問項目」と，望ましくない特質，形質，繁殖，散布体の散布機構，持続性に関する特質からなる「生物学・生態学的な質問項目」に分けられている．その得点総計が一定の値以上だと，雑草性があると判断されて，輸入禁止植物候補にリストアップされる．その詳細についてはいくつかの文献ですでに紹介されているので（小林・倉本, 2006, 西田, 2006），ここでは繰り返さない．

　AWRAをわが国の特定外来生物法規制にそのまま適用すると，多くの有用植物が雑草性ありと判定されて，不都合であることがわかっている．その理由の1つは，オーストラリアの外来生物規制が，法施行以降に新規導入される植物を対象に行われるのに対して，わが国の特定外来生物法では，規制対象の植物を明治以降の過去に導入されたものまで含むからであるが，広い環境のレンジを持つ国土全体を対象にすると，どうしても多くの植物がリストにあがってきがちである．

　しかし，検討の対象を河川と限定すれば，よりシャープな侵略リスクの検討ができると考えられる．また，その管理者の多くは行政なので，公共事業における植物利用に対して，有効な指針を提供できるかもしれない．また，

上流の山地やダム法面で種子散布された緑化植物による河川生態系の侵略が問題視されているが，そのような場における適切な植物選択の目安にもなる．ここで検討した河川用のシステムを河川雑草リスク評価システム（河川WRA）と呼ぶことにする．

（2）検討の方法

河川データを主に検討した村中ら（2005）による外来植物種対策優先度を示したリストを教師にして，河川周辺における外来植物の侵略性を構成する生理生態的特性について検討した．検討対象にした植物リストは，上記リストをもとに，河川で被害が報告されていないものを除いて作成した（表4.1）．

表4.1　河川WRAの検討対象とした外来種

強害種（15種）	中害種（27種）	弱害種（17種）	普通種（55種）	
オオブタクサ	ハルザキヤマガラシ	イチビ	シナサワグルミ	シバザクラ
シナダレスズメガヤ	イタチハギ	ネバリノギク	セイヨウハコヤナギ	(コ)アサガオ
ハリエンジュ	キショウブ	アメリカセンダングサ	ヒメツルソバ	シュッコンバーベナ
アレチウリ	ネズミムギ	オオキンケイギク	オシロイバナ	ヒメオドリコソウ
セイタカアワダチソウ	キシュウスズメノヒエ	メリケンカルカヤ	ヨウシュヤマゴボウ	サルビア
オオカナダモ	オオアワガエリ	シマスズメノヒエ	オダマキ	ハコベホオズキ
オニウシノケグサ	オランダガラシ	ハリビユ	キーウイ	キンギョソウ
オオフサモ	シロツメクサ	カラシナ	キンシバイ	オオイヌノフグリ
コカナダモ	メマツヨイグサ	ウマゴヤシ	ヒナゲシ	キササゲ
ホテイアオイ	オオマツヨイグサ	トウネズミモチ	ケシ	アレチノギク
カモガヤ	コマツヨイグサ	アメリカアゼナ	シロイヌナズナ	キンケイギク
外来種タンポポ種群	オオフタバムグラ	ブタクサ	セイヨウアブラナ	キバナコスモス
オオカワヂシャ	オオアレチノギク	コスモス	オランダイチゴ	ヒマワリヒヨドリ
ヒメジョオン	ブタナ	ハルジオン	カンヒザクラ	ヒマワリ
ボタンウキクサ	フランスギク	キクイモ	トキワサンザシ	ラッキョウ
	オオハンゴンソウ	ニワゼキショウ	ムレスズメ	オリヅルラン
	ナガエツルノゲイトウ	イヌムギ	エニシダ	ハナニラ
	ブラジルチドメグサ		オジギソウ	ラッパズイセン
	ワルナスビ		エンジュ	スイセン
	コセンダングサ		シンジュ	クロッカス
	ヒメムカシヨモギ		トウカエデ	フリージア
	オオアワダチソウ		オクラ	グラジオラス
	オオオナモミ		ケナフ	ムラサキツユクサ
	ナガバオモダカ		ムクゲ	バショウ
	オオクサキビ		ユウゲショウ	ムギクサ
	セイバンモロコシ		マツヨイグサ	ライムギ
	モウソウチク		ツキミソウ	イヌシバ
			ツルニチニチソウ	

村中ら(2005)の対策優先度を生態的侵略性と読み替えて，Aランクを強害種，Bランクを中害種，Cランクを弱害種とした．有害種以外の外来植物(村中 2002)を普通種として55種任意に選定した．

生理生態特性検討項目はPheloungら(1999)のWRA質問票にあげられた項目を基本にした．それらに加えて，河川・湿地の環境特性に配慮した検討項目を追加した．各種の生理生態的特性については，既往の文献(飯島・安蒜 1974 a, b, 長田 1976, 沼田・吉沢 1978, 佐竹ら 1981, 1982 a, b, 1989 a, b, 林ら 1985, 浅山 1986, 竹松・一前 1987, 1993, 1997, 青葉ら 1994 a, b, 中西 1994, 前河・中越 1996, 奥田 1997, 山口 1997, 勝田ら 1998, 上田・野間 1999, 藤井 2000, 清水ら 2001, 前河 2001, 2002, 村中・鷲谷 2003, 清水 2003, 村中ら 2005, 環境省 外来生物法ホームページ, 農林水産省 農学情報資源システム)をあたり，関連する記述を抽出した．

次にそれぞれの生理生態特性の有無に応じた強害種，中害種，弱害種，普通種の種数の頻度分布表を作り，生理生態特性と外来種被害の相関を検討した．村中ら(2005)の総合評点を参考にし，強害種を侵略性9点，中害種を侵略性4点，弱害種を侵略性1.5点，普通種を侵略性0点とし，生理生態特性の該当するものとしないもの(不明なものを含む)のカテゴリー間で相関比を求めた．

(3) 河川で侵略性を発揮しやすい植物の性質

その結果が表4.2である．相関比の高い項目では，生理生態特性と侵略性の間に高い関係が認められた．特に河川における侵略性に大きな影響を及ぼしていた特性は，「水生植物」「栄養繁殖」「散布体の水散布」「湿った土地を好む」「高さが1m以上の草本・低木(被覆性つる植物含む)」だった．侵略性に影響があると考えられる特性は「早い成長」「アレロパシー」「自然交雑」「種子の生産量大」「1年以上のシードバンク形成」「耐乾性」「肥沃な土地を好む」等だった．

この結果をもとに河川WRA質問票を試作した(表4.3)．AWRA質問票項目のうち，表4.2で相関比が低く，有意な相関が見られない項目は削除した．

表 4.2 外来生物の生理生態特性の有無と表 4.1 の生態的侵略性カテゴリーの相関分析結果

		生理生態学的な特性	相関比	有意性 (99%水準；**, 95%水準；*)
1 望ましくない特質	1.01	針やトゲを持つか？	0.005	
	1.02	アレロパシー作用を持つか？	0.061	**
	1.03	寄生植物か？	0.000	
	1.04	放牧家畜の嗜好性が劣るか？	0.000	
	1.05	動物にとって毒性があるか？	0.058	*
	1.06	病害虫や病原体の宿主か？	0.055	*
	1.07	人にアレルギーを起こすかあるいは毒性を持つか？	0.036	
	1.08	自然生態系中で火災を起こすか？	0.000	
	1.09	生活史の中で耐陰性を有する時期があるか？	0.010	
	1.10	痩せ地でも生育するか？	0.036	
	1.11	他の植物によじ登ったり、覆い尽くすような生育特性を持つか？	0.049	*
	1.12	密生した藪を形成するか？	0.062	**
	1.13	成長が速いか？	0.069	**
	1.14	耐乾性があるか？	0.218	**
	1.15	湿った土地を好むか？	0.086	**
	1.16	肥沃な土地を好むか？	0.010	
	1.17	日当たりのよい土地を好むか？	0.107	**
	1.18	高さが1m以上になるか？（被覆性つる植物含む）		
2 形質	2.01	水生植物か？	0.195	**
	2.02	イネ科植物か？	0.031	
	2.03	窒素固定を行う木本植物か？	0.013	
	2.04	地中植物か？	0.007	

4 ランドスケープ再生事業における生物多様性配慮と外来植物　　87

表 4.2 外来生物の生理生態特性の有無と表 4.1 の生態的侵略性カテゴリーの相関分析結果（続き）

		生理生態学的な特性	相関比	有意性 (99％水準；**， 95％水準；*)
3 繁殖	3.01	原産地（本来の生育地）で繁殖に失敗しているか？	0.016	
	3.02	発芽力のある種子を生産するか？	0.056	
	3.03	自然交雑が起こるか？	0.027	**
	3.04	自家受粉するか？	0.026	
	3.05	特定の花粉媒介者を必要とするか？	0.108	**
	3.06	栄養繁殖を行うか？	0.003	
	3.07	種子生産開始までの最短年数は1年以内か？		
4 散布体の散布機構	4.01	散布体が非意図的に散布されるか？	0.021	
	4.02	散布体が意図的に散布されるか？	0.014	
	4.03	散布体が農（林畜園芸）産物に混入して散布されるか？	0.037	*
	4.04	散布体は風散布に適応しているか？	0.047	*
	4.05	散布体が水散布されるか？	0.281	**
	4.06	散布体が鳥散布されるか？	0.004	
	4.07	散布体が動物の体表に付着して散布されるか？	0.015	
	4.08	散布体は動物の排泄物を通じて散布されるか？	0.043	*
5 持続性に関する特質	5.01	種子の生産量が多いか？	0.073	**
	5.02	1年より長く存在するシードバンクを形成するか？	0.093	**
	5.03	有効な除草剤があるか？	0.016	
	5.04	切断，耕起，あるいは火入れに耐性があるか，あるいはそれらにより繁茂が促進されるか？	0.029	*
	5.05	有効な天敵が存在するか？	0.055	*

表 4.3 日本の河川環境に適した外来植物リスク評価システムとその点数割付案

		生物地理学的な質問項目	点数	
			YES	NO
1. 栽培特性	1.01	栽培種か？そうでない場合は 2.01 へ．	−3	0
	1.02	栽培された場所から逸出して帰化植物となった事例があるか？	1	−1
	1.03	種内に雑草系統があるか？	1	−1
2. 気候と分布	2.01	日本の気候に適しているか？	高-2, 中-1, 低-0	
	2.02	2.01 の判断の根拠となったデータの質．	高-2, 中-1, 低-0	
	2.03	気候適性は広いか？	1	0
3. 他の地域での雑草化の歴史	3.01	帰化した事例があるか	1	0
	3.02	庭, 行楽施設 (半自然地), 攪乱地の雑草か？	1	0
	3.03	農地, 園芸, 林業地の雑草か？	2	0
	3.04	自然環境中の雑草か？	5	0
	3.05	同属に雑草があるか？	1	0
		生物学・生態学的な質問項目		
4. 望ましくない特質	4.01	成長が速いか？	1	0
	4.02	アレロパシー作用を持つか？	1	0
	4.03	寄生植物か？	1	0
	4.04	病害虫や病原体の宿主か？	1	0
	4.05	人にアレルギーを起こすあるいは毒性を持つか？	1	0
	4.06	耐乾性があるか？	1	0
	4.07	湿った土地を好むか？	2	0
	4.08	肥沃な土地を好むか？	1	0
	4.09	高さが 1 m 以上になるか？(披覆性つる植物含む)	1	0

4 ランドスケープ再生事業における生物多様性配慮と外来植物

表4.3 日本の河川環境に適した外来植物リスク評価システムとその点数割付案（続き）

生物学・生態学的な質問項目			点数	
			YES	NO
5. 形質	5.01	水生植物か？	2	0
6. 繁殖	6.01	原産地（本来の生育地）で繁殖に失敗しているか？	1	−1
	6.02	自然交雑が起こるか？	1	−1
	6.03	栄養繁殖を行うか？	1	−1
7. 散布体の散布機構	7.01	散布体が農（林畜園芸）産物に混入して散布されるか？	1	−1
	7.02	散布体は風散布に適応しているか？	1	−1
	7.03	散布体が水散布されるか？	3	−1
	7.04	散布体は動物の排泄物を通じて散布されるか？	1	−1
8. 持続性に関する属性	8.01	種子の生産量が多いか？	1	−1
	8.02	1年より長く存在するシードバンクを形成するか？	1	−1
	8.03	切断、耕起、あるいは火入れに耐性があるか、あるいはそれらにより繁茂が促進されるか？	1	−1

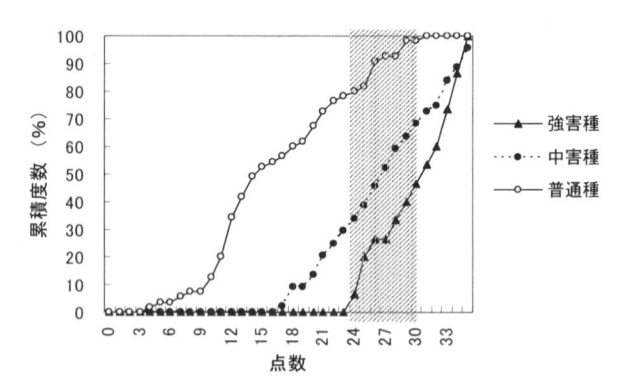

図 4.2 AWRA で算出された点数の累積度曲線．横軸に示された点数以下の種数の割合を縦軸で示す．斜線の領域では強害種と普通種の誤判別が起きることを示す．

また，河川環境を考慮して検討し，新たに有意な相関が見られた項目を追加した．点数の重み付けも相関比の値を考慮して変更した．

こうした結果を表4.1の植物に適用し，強害種，中害種が普通種とうまく判別できるかどうか検討した．その結果 AWRA で得られる得点では，それら3つのカテゴリー間の重複が非常に大きく判別困難だったのに対して，河川 WRA で得られた得点を用いると，強害種と普通種は20点を境に判別できることがわかった（図4.2，図4.3）．中害種と普通種の判別はできていないことから，課題は残っているが，対象の生態系を河川としぼったことによって，より雑草性の判定精度は向上したと言える．

この結果から，河川 WRA 得点20点以上の植物は，貴重な植物を有する河川の周辺ならびにそうした河川に散布体が逸出する可能性のある区域では，緑化植物として使うべきではない．また20点以下であっても，得点が高い植物を河川周辺で用いるのは好ましくないと言えよう．

逆に言えば，この得点が低い特性の植物であれば，河川周辺の緑化植物として用いても差し支えないし，同じ種であっても，より雑草性の低い品種を採用することによって，その侵略の危険性を軽減できると考えられる．たとえばオニウシノケグサは河川で厄介者視されがちだが，侵食防止用の植物としては欠かせないものである．同種には多くの品種が開発されており，矮性

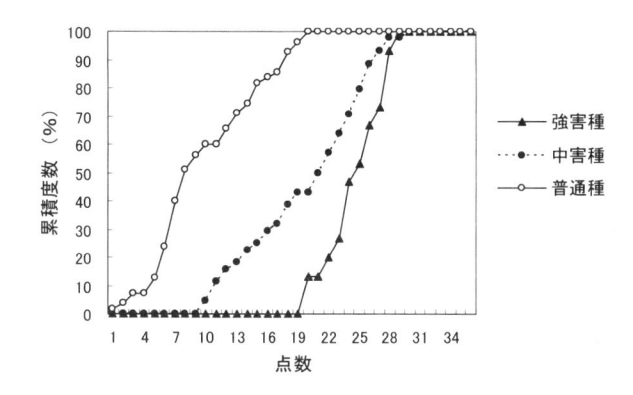

図 4.3 河川 WRA で算出された点数の累積度曲線．強害種と普通種の誤判別域はない．

のものも多い．そのような品種を利用し，播種量が多くなりすぎないよう配慮すれば，侵略性はかなり抑制されるだろう．

なお，河川における外来植物の問題は，植物と河川本来の性質だけが関係しているわけではない．外来植物の侵略が最も問題視されているのは丸石河原だが，それは本来，周期的な攪乱によって上流からフレッシュな土砂が供給されて成立していた立地であった．しかし上流の治山工事やダム建設によって土砂供給が失われ，あるいは工事用の砂利採取によって河床が低下して河原の冠水そのものが起きにくくなり，丸石河原が更新されなくなっている．

丸石河原の固有種としてカワラノギクやカワラヨモギ，カワラサイコなどがあげられるが，それらは大陸の乾燥地に生育する植物と近縁であり，湿潤で植生が発達しやすいわが国では，開けた河原にしか生育地を得られないものたちである．そのような立地にシナダレスズメガヤやオニウシノケグサのような大型で乾燥に強いイネ科外来植物が増えているのは事実だろうが，それは攪乱体制を失った河原の自然の遷移の一部とも考えられる．

これらの種の保全は，侵略的外来生物の予防だけでは解決できない難しい問題と言える．丸石河原の固有種を守るために，わが国でも，雑草防除をはじめとした保護育成の努力が払われている例がある（倉本宣氏，私信）．

3. 「郷土植物」の問題

　緑化の世界では，以前から外来植物の問題が注目されてきた．1982年には，「自然公園における法面緑化基準の解説」が作成されて，国立公園や国定公園内の緑化工事にあたっては，「郷土植物」が使用されることになった．

　ところが，その結果起こったことは，ヨモギやヤマハギ，コマツナギなど，外国産「郷土植物」の大量導入だった．2000年の調査では，ススキとヨモギの国内産種子の取扱い量は国外産の0.1％にすぎない（環境省自然保護局，2003）．国内産であることがはっきりわかっているものを除いて，「郷土植物」の種子はほとんどが中国や韓国で生産され輸入されてきたと考えて間違いない．

　緑化事業は，計画（役人，事業者，コンサルタント，市民）→設計（設計者）→種苗供給（植木業者，種苗業者）→施工（土木，造園施工）→管理（造園施工，市民）というプロセスで行われる．括弧内は部分プロセスの主な担い手だが，緑化事業が多様な職能によってリレーされながら遂行されることがわかるだろう．植物はこのような複数の担い手の間で受け渡されていくので，計画で必要と考えられた植物が，誤解されて，間違って植えられることが起きがちである．そのような誤りを防ぐために，植物を示すコードは，本来，誰にとっても同じ内容が共有されるわかりやすいものでなければならない．それは，通常「種」であり，「品種」である．

　「郷土植物」の場合，どうなるか？上記の伝言ゲームの中では，証明不能な「郷土」のような概念は，容易に無視されがちである．市場経済原則は「種」の内容においても常に低コストを迫るので，実際に植栽される「種」の中身は偏ったものになりやすい．必然の結果として，公共事業に用いられる「郷土植物」はすべて生産コストが低く，単価が格段に安い外国産「郷土植物」ばかりという事態が生ずる．

　さらに問題なのは，それら外国産「郷土植物」の生育状況が，本邦産とは大きく異なることがわかってきたことである．たとえば，わが国のコマツナギは通常1m以下だが，輸入されたコマツナギが播種された緑化現場では樹高

3 m を超え，播種された土地を完全に優占しており，その林床には他種の存在を認めることができない状態である．その生育状況はイヌエンジュ（ニセアカシア）と類似しており，生態的侵略性さえ危惧される．

　阿部ら（2004）はアロザイム分析を行って，流通している中国産のコマツナギと日本の自生地がわかっているコマツナギ数集団の遺伝学的関係を調べた．その結果，調べられた14酵素のうち，5酵素の5遺伝子座で明瞭なバンドパターンの多型が確認された．さらに，そのうちの4遺伝子座で，中国産コマツナギでは日本産コマツナギ集団では全く見られない対立遺伝子が観察された（図4.4）．一方，日本産集団は相互の遺伝的距離が近く，個々の集団内の遺伝的多様性も低い傾向があった．そのような分析結果から，中国産コマツナギは日本産と種レベルの違いがあるのではないかと推察されている

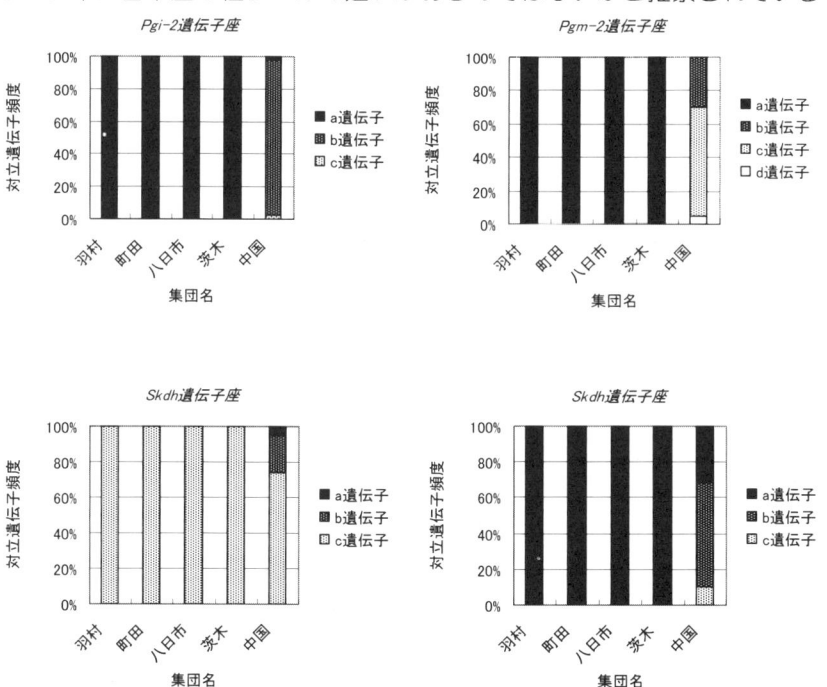

図 4.4　日本産と中国産コマツナギ集団のアロザイム変異．中国産集団に特異な遺伝子が見られた4遺伝子座の対立遺伝子頻度を示した．阿部ら（2004）の図を改変作図．

(阿部ら，2004)．

　中国産種子の由来が不明なために，それが集団としての単位性を有するのかどうかわからない等の問題はあるが，生態的性質の違いも考慮すると，中国産コマツナギを日本産種と同種として扱うのは問題があろう．

　そのような経験があって，私たちは，外来植物だけの問題を取り出すのではなく，広く，生物多様性の観点からとらえることが重要であると考え，2002年に「生物多様性保全のための緑化植物の取り扱いに関する提言」を発表した（日本緑化工学会，2002）．この提言の骨子は，緑化における植物の取り扱いには，外来種の侵略性の問題のほか，種間雑種の問題と種内変異の保全の問題にも取り組む必要があり，それらの配慮を緑化事業の一連のプロセスで一貫させることが重要だということである．そのための，種内の地域的変異を示すコードとして，「提言」では「地域性系統」が提案された．

　地域性系統は，「在来種のうち，同一の系統地理学的系譜を共有する系統，またはある地域の遺伝子プールを共有する系統」と定義される．また，「形態や生理的特性などの表現型や生態的地位にも類似性・同一性が認められる集団」をさす（小林・倉本，2006）．さらに，原産地がはっきりと証明される種苗を，「地域性種苗」とした．

　学術的には，種内変異の研究は日進月歩であり，様々な知見が明らかにされつつある．地域性系統に相当する系統遺伝学的概念の1つとして進化的重要単位（Evolutionary Stable Unit）がある（Ryder，1986）．ESUは地史的な時間スケールに配慮した考え方であり，オルガネラDNAの分析によって描かれる分子系統樹から分別できるとされる（Moritz，1994）．そうした考え方は，植物では，長命で自家不和合性があり，連続的に分布する木本植物によくあてはまる．ブナはその典型的な例である（Tomaru *et al.*, 1997, Fujii *et al.*, 1999）．

　ESUは，主に，最終氷期における種の隔離状況によって決まり，レフュージア（避難場所）を共有していた集団は同じ単位を形成しやすい．そうした考え方から，地域性種苗の産地に関する地理的単位区分がいくつか提案されている（服部，2002，小林・倉本，2006）．

一方，短命の草本植物や灌木が隔離環境に置かれると，遺伝的浮動が生じやすく，種内の形態変異が生じやすい．たとえば，筆者は岩角地やレキ地を生育地とするミツバツツジについての研究を行っているが，本種はそのような植物である（小林・古賀，2007）．そのような植物の地域性を把握するには，ESUとは異なる考え方をとるのが適切で，現行分布の隔離状況に従って単位を定めるのがよい．その考え方は管理単位（Management Unit）と名付けられている（Moritz, 1994）．

また，このような機械的な系統遺伝学的研究だけではなく，種内変異における侵略性の違いについて，十分に配慮する必要があるのは言うまでもない．特に，フロラを共有する中国大陸や朝鮮半島との関係は，グローバル化の今日，一衣帯水と言え，今後，取引のある緑化植物については国際的な研究が望まれる．

4．米国ワシントン州における再生事業の展開と有害外来植物管理

欧米では今，Restorationという言葉が普及し，Restoration EcologyあるいはEcological Restorationと題した書籍がたくさん出版されている．Restorationは回復する，修復する，再生するなどと訳されるが，その内容と意味するところは，いわゆる自然再生事業よりも拡大している．わが国の言葉で言いかえるならば，「緑化」という言葉の意味するところまで広がっている．Society for Ecological Restoration Internationalが示すEcological Restorationの定義は「劣化した，傷つけられた，あるいは破壊された生態系の回復を手助けするプロセス」である（Society for Ecological Restoration International Science & Policy Working Group, 2004）．ここでは，辞書的に「生態的再生」をその訳語としておく．

米国における生態的再生事業の展開にはいくつかの法令や計画の成立が関係している．1978年には「地上採鉱の制御と埋立法（SMCRA）」に基づいた廃鉱地プログラムが始まり，廃鉱跡地の埋立・緑化事業が大規模に進められ

た．その中で，生態系の保全と池や水系の形成を含む土地造成がうまく結びつけられて，生物多様性の向上に寄与する事業も進んでいった．

1986年には米国とカナダで「北米水鳥管理計画（NAWMP）」が始まり，1994年にはさらにメキシコがこの計画に加わった．1989年には「北米湿地保全法（NAWCA）」が発効して，この計画に資金的な裏付けを与えることになった．こうした法や計画が幅広く湿地再生や保全を推し進めた．

造園の分野でも，1984年にアン・スパーンが"The Granite Garden : Urban Nature and Human Design"を出版するなど，都市における自然の再認識が進み，都市生態系のデザインによる人間生活の改善が注目されるようになった（Spirn, 1984）．

ざっとここに述べたようなプロセスを通して，米国の生態的再生事業は広く認知されるようになった．本節でまず再生事業に触れたのは，それが侵略的外来植物管理とも深く関連しているからである．Ecological Restorationの定義は，実践的な観点から，「自然生態系のプロセスを育み，当該の土地をより自然な状態に戻すという目的をもって，在来植物を当該の土地に導入すること」と言い換えられる場合がある（Kern Ewing氏私信）．したがって，外来生物管理は再生事業の重要なプロセスの一部であり，生態的再生の気運の盛り上がりに対応して，侵略的外来生物管理の必要性も広く喧伝されるようになった．

米国で「有害雑草連邦法（Federal Noxious Weed Act）」ができたのは1974年である．その法では現在，水生および湿生植物として19種，陸生植物として73種と1属，そのほか寄生雑草を有害雑草としてリストに掲げ，それらの合衆国への導入および国内での移動を禁じている（合衆国政府印刷局ホームページ，Part 360 : Noxious Weed regulations）．なお，ここでweedというのは草本に限らず，木本植物も含む．したがって，正確には「雑草木」と言うべきだろう．この規制を管轄しているのは農務省の動植物検疫局であり，現実的には輸入時の検疫検査でそれらの植物の導入を阻止している．リストに上がっている種数は多いが，わが国の特定外来生物法とだいたい同じような仕組みで運用されている．

しかし，わが国と比べると米国は広い．州によって環境も変われば植物相も異なる．農業やほかの社会的な性格も異なっている．したがって，一部の州では別に州法を定めて，侵略的外来生物管理を行っている．その中でワシントン州はもっとも先進的と言われる「有害雑草州法（State Noxious Weed Act）」を持っている（キング郡自然資源・公園局水・土地資源課ホームページ，King Country Noxious Weed Control Program）．同州法の公布は1921年まで遡るが，現在の形ができたのは1987年である．

同州で画期的なことは，植物や種子の運搬・売買を禁じた検疫管理だけではなく，防除管理を法の中でいち早く位置づけたことである．同州の土地の所有者はすべて，州法に定められた植物の管理義務を負っている．有害植物の防除管理ができていないと認定された土地所有者は10日以内に，その土地の植物が花や種子を付けている場合はさらに短く48時間以内に防除を要求される．要求期間内に当該の植物を完全に防除できなければ，代理人が代わって植物の防除を行い，事務手数料を含めたコストが土地所有者に請求されるという仕組みである．

同州法では，有害植物の処理法を根絶 eradication，防除 control，抑制 containment とカテゴリー化して定義している．根絶とは，有害植物を汚染された場所から完全に取り除くことを示す．防除とは，抜き取りおよび結実前の刈り取りによってすべての個体の種子生産を予防すること，および水生植物の散布体の散布を予防することを示す．抑制とは，有害植物とその散布体を汚染地域内に閉じこめることを示す．

同州法ではリストを A，B，C という3つのクラスに分けて植物名を掲載している．クラス A はワシントン州内で分布がまだ限られている外来植物のグループであり，新しい地域への分布拡大の予防とすでに侵入している地域における根絶が最大の優先事項となっている．32種が指定されていて，この中にはクズが含まれている．これらの種の根絶は州法によって個々の土地所有者に義務づけられている．

クラス B は州の一部では多いがほかではあまり見られない外来植物のグループである．分布が広がっていない地域では防除が求められ，分布拡大の

予防が優先事項となっている．すでに多く分布している地域では，防除は郡レベルで決められ，抑制が優先事項となっている．たとえば，シアトル市が含まれるキング郡では52種が指定され，この中には北米の湿地で広く厄介者になっているエゾミソハギが含まれている．

　クラスCは州に広く認められるが，農業への影響が懸念される植物である．郡によって防除を行う種を決める．キング郡では3種が指定され，この中には非在来遺伝子型のヨシが含まれている．

　また，すでに広く分布するためキング郡では指定されていないが，州法リストB, Cに掲載されて防除が推奨されている植物が28種あり，クサヨシ，イタドリ，オオイタドリ，キショウブ，イングリッシュアイビーなどがそれらに含まれている．さらに州法リストには掲載されていないが，キング郡が認定して，防除と抑制および新たな植栽の中止を求めている種として6種類があげられており，セイヨウバクチノキやイングリッシュホリー，ヒマラヤクロイチゴ（*Rubus discolor*）など樹林地や草地で旺盛に繁殖している種が含まれている．

　これらのリストは，各郡の雑草委員会が有害植物の分布状況を把握しつつ，迅速に毎年更新されていく．

　ワシントン州各郡の有害雑草防除プログラムはパンフレットやカラーの小冊子を作成して，防除対策の普及に努めている（図4.5，Noxious Weed Control Program, 2007）．キング郡のパンフレットには，有害植物汚染の予防策として，雑草の混入していない種子や飼料を使うこと，侵略性のない種を庭や公園には用いること，自動車や衣服，ボート，キャンピング道具についた雑草や種子をチェックすること，水槽の水草を池や川に捨てないこと，コンポストや表土やチップマルチの山はシートで覆うことを勧めている．

　有害植物汚染の防除管理策としては，雑草を安全かつ適切に抜き取るまたは防除すること，雑草予防のために適切な種を植栽すること，種子生産と雑草の拡大を予防すること，除去した有害植物や種子は適切に廃棄すること，草地や空地に対しては最高の管理を施すことを勧めている．

　これらはわが国においても必要かつ適用可能な事項であろう．そもそもわ

4 ランドスケープ再生事業における生物多様性配慮と外来植物　　99

が国の農家は昔からこのような雑草防除作業を当たり前のこととして行ってきた．現在，侵略的な植物の害が問題になっているのは，主として公共の土地である．そのような土地でも，管理者は自らの土地からの侵略的植物の拡散を防止する義務があると考えるべきではないだろうか．公共建設事業では管理費が十分に認められない場合が多いが，そのようなことでは侵略的植物の拡散は防止できない．多自然化された都市河川の状態はすでに述べたが，そのような場所には十分な管理の手を施す必要がある．わが国にはすでに侵略的植物が多く生育しており，国境での検疫管理だけでは外来植物の防除は不可能である．

　外来植物を使わず緑化しなければよいではないかという意見もあるが，それで問題が解決するわけではない．上記パンフレットにあるように，「(緑化

図 4.5　米国ワシントン州キング郡の有害雑草防除ハンドブック（Noxious Weed Control Program, 2007）の表紙

しない）空地には最高の管理を施す」必要があるからである．恒常的に管理できなければ適切に緑化して，有害な植物に対する競争効果を発現させるのがむしろよい場合がある．その場合は是が非でも在来植物でなければならないわけでもない．すでに述べたように，在来植物にも様々な問題が潜んでいる．造成地や崩壊地などの裸地には，侵略性がなく，永続性もない外来植物であれば，それは賢明に利用すべきであろう．要は侵略性の見極めが大切なのである．

わが国の生態系をむしばんでいる要素は外来植物ばかりではない．里山の雑木林ではむしろ，クズやフジ，ササ類などの在来植物の増加が大きな問題になっている．明治以降の導入に限った特定外来生物法の定義では外来植物に含まれないモウソウチクが里山に与えるインパクトも年々拡大している．それらはいずれも生態遷移の途中相で現れている現象だから，十分な広がりのある植生を十分な時間放置しておけば，その増殖はいずれ収束していくと考えられる．しかしその間に，里山の雑木林を避難場所にして生きのびてきた林床の遺存植物は失われてしまう．景観的にも薮の状態が長い間続き，人と自然との親和性が低下して，決して望ましいものでない．

里山の雑木林は人為によって維持されてきた遷移途中相であり，その生物相の維持に人為は欠かせない．河原の生物相は河川の氾濫と土砂移動によって維持されてきた遷移先駆相であり，上流の植林やダム建設によってそのような攪乱が起きなくなった現在では，その生物相の維持には最高水準の人的管理を要する．それらの管理を継続できない場合には，現状の生物相を維持することをあきらめて，より極相に近い安定した植生へと積極的に導いていくのが適切な場合もある．生態系の管理や再生にあたっては，その目標を，状況に応じて，合理的にはっきりと設定する必要がある．

ヨーロッパにおけるコリドー論議では，しばしば"robust ecological corridor", "robust ecological network"という表現が出てくる．それは，大型哺乳類の移動が可能で，絶滅した種の再加入源になり，将来の気候変動にも耐える，さまざまなタイプの生息地のモザイクを内包したコリドーを示している（Ministry of Agriculture, Nature and Food Quality, Netherland, 2004）.

コリドーが原生的な生態系だけで構成できれば理想的だが，広域のネットワークを実現するには必ず二次的な生態系や再生生態系を含まざるを得ない．生態的再生を含むわが国の今後のコリドー論議では，これまであまり検討されていない生態系の頑健さ（robustness），群集の安定性，侵略種に対する抵抗性の検討が必要である．その計画と実施にあたっては，管理についての社会的合意や，有害植物に関する知識の普及啓発が必要不可欠になるだろう．健全に管理・再生された生態系による，しっかりとした回廊が構築されていくことを期待したい．

なお，本稿の作成にあたってはワシントン大学植物園の Kern Ewing 教授，Sarah Reichard 准教授との議論が大変役に立った．記して謝意を表する．

引用文献

阿部智明・中野裕司・倉本 宣 2004. 中国産コマツナギを自生のコマツナギとして扱ってよいか，日本緑化工学会誌 30：344-347.

青葉高ら 1994 a. 園芸植物大事典＜コンパクト版＞1. 小学館．

青葉高ら 1994 b. 園芸植物大事典＜コンパクト版＞2. 小学館．

浅山英一 1986. 園芸植物図譜．平凡社．

Elton C. 1958. The Ecology of Invasions by Animals and Plants. Mehuen.（川那部・大沢・阿部訳，侵略の生態学，思索社）

Forman R.T.T. and M. Godron 1986. Landscape Ecology. John Wiley & Sons.

Fujii, N., N. Tomaru, K. Okuyama, T. Koike, T. Mikami. and K. Ueda 2002. Chloroplast DNA phylogeography of *Fagus crenata*（Fagaceae）in Japan. Plant Syst. Evol. 232：21-33.

藤井義晴 2000. アレロパシー－他感物質の作用と利用－．農山漁村文化協会．

合衆国政府印刷局ホームページ，Part 360：Noxious Weed regulations, Title 7: Agriculture, Electronic Code of Federal Regulations, http://ecfr.gpoaccess.gov/cgi/t/text/text-idx?c=ecfr&tpl=%2Findex.tpl

林 弥栄・古里和夫・中村恒雄 1985. 原色樹木大図鑑．北隆館．

服部　保 2002. 照葉樹林の植物地理から森林保全を考える．種生物学会編，保全と復元の生物学，文一総合出版，203-222.

飯島　亮・安蒜俊比古 1974 a. 庭木と緑化樹 1 針葉樹・常緑高木．誠文堂新光社.

飯島　亮・安蒜俊比古 1974 b. 庭木と緑化樹 2 落葉高木・低木類．誠文堂新光社.

環境庁自然保護局監修 1982. 自然公園における法面緑化基準の解説．(社)道路緑化保全協会.

環境省 2007. 第三次生物多様性国家戦略．環境省.

環境省，外来生物法ホームページ，http://www.env.go.jp/nature/intro/

環境省自然保護局 2003. 自然環境復元のための緑化植物供給手法検討調査報告書．環境省.

勝田　柾・森　徳典・横山敏孝 1998. 日本の樹木種子(広葉樹編)．社団法人林木育種協会.

キング郡自然資源・公園局水・土地資源課ホームページ，King Country Noxious Weed Control Program, http://dnr.metrokc.gov/wlr/lands/weeds/

小林達明・古賀陽子 2007. ミツバツツジはささやく－房総の社会生態学．千葉日報社.

小林達明・倉本　宣 2006. 生物多様性保全に配慮した緑化植物の取り扱い方法－「動かしてはいけない」という声に応えて．小林達明・倉本　宣編，生物多様性ハンドブック－豊かな環境と生態系を保全・創出するための計画と技術，地人書館，13-57.

前河正昭・中越信和 1996. 長野県牛伏川の砂防植栽区とその周辺における植生動態，日本林学会論文集 107：441-444.

Ministry of Agriculture, Nature and Food Quality, Netherland 2004. Ecological Networks : Experiences in the Netherland "A Joint Responsibility for Connectivity". Ministry of Agriculture, Nature and Food Quality Reference Center.

水落朋子 2006. 日本の河川環境に適した外来植物リスク評価システムの検討．千葉大学園芸学部卒業論文.

Moritz, C. 1994. Applications of mitochondrial DNA analysis in conservation : a critical review. Molecul. Ecol. 3：401-411.

村中孝司 2002. 外来種リスト(維管束植物)．日本生態学会編，外来種ハンドブック，地人書館，320-353.

村中孝司・鷲谷いづみ 2003. 侵略的外来牧草シナダレスズメガヤ分布拡大の予測と実際，保全生態学研究 8：51-62.

村中孝司・石井　潤・宮脇成生・鷲谷いづみ 2005. 特定外来生物に指定すべき外来植物種とその優先度に関する保全生態学的視点からの検討，保全生態学研究10：19-33.

長田武正 1976. 原色日本帰化植物図鑑．保育社．

中西弘樹 1994. 種子はひろがる　種子散布の生態学．平凡社．

日本緑化工学会 2002. 生物多様性保全のための緑化植物の取り扱い方に関する提言，日本緑化工学会誌27：481-491.

西田智子 2006. 雑草リスク評価-オーストラリアとニュージーランドの事例を中心として．種生物学会編，農業と雑草の生態学－侵入植物から遺伝子組み換え植物まで，文一総合出版，121-138.

農学情報資源システムホームページ，http://rms1.agsearch.agropedia.affrc.go.jp/menu_ja.html

Noxious Weed Control Program 2007. Citizens Guide to Noxious Weeds. Water and Land Resources Division, Department of Natural Resources and Parks, King County.

沼田　真・吉沢長人 1978. 新版・日本原色雑草図鑑．全国農村教育協会．

奥田重俊 1997. 日本野生植物館．小学館．

欧州評議会ホームページ，The Pan-Europian Ecological Network, http://www.coe.int/t/e/cultural_co-operation/environment/nature_and_biological_diversity/ecological_networks/PEEN/

Pheloung, P.C., P.A., Williams, and S.R., Halloy 1999. A weed risk assessment model for use as a biosecurity tool evaluating plant introduction. Journal of Environmental Management 57：239-251.

Ryder O.A. 1986. Species conservation and systematics: the dilemma of subspecies. Trends Ecol. Evol. 1：9-10.

佐竹義輔・大井次三郎・北村四郎・亘理俊次・冨成忠夫 1982 a. 日本の野生植物　草本Ⅰ単子葉類．平凡社．

佐竹義輔・大井次三郎・北村四郎・亘理俊次・冨成忠夫 1982 b. 日本の野生植物 草本Ⅱ離弁花類. 平凡社.

佐竹義輔・大井次三郎・北村四郎・亘理俊次・冨成忠夫 1981. 日本の野生植物 草本Ⅲ合弁花類. 平凡社.

佐竹善輔・原 寛・亘理俊次・冨成忠夫 1989 a. 日本の野生植物 木本Ⅰ. 平凡社.

佐竹善輔・原 寛・亘理俊次・冨成忠夫 1989 b. 日本の野生植物 木本Ⅱ. 平凡社.

Shea N. and P. Chesson 2002. Community ecology theory as a framework for biological invasions. Trends Ecol. Evol. 17 : 170-176.

清水矩宏・森田弘彦・廣田伸七 2001. 日本帰化植物写真図鑑. 全国農村教育協会.

清水建美 2003. 日本の帰化植物. 平凡社.

Society for Ecological Restoration International Science & Policy Working Group 2004. The SER International Primer on Ecological Restoration. Society for Ecological Restoration International.

Spirn, A. 1984. The Granite Garden : Urban Nature and Human Design. Basic Books.

Stohlgren T., C. Jarnevich, G. W. Chong, and P. H. Evangelista 2006. Scale and plant invasions : A theory of biotic acceptance. Preslia 78 : 405-426.

竹松哲夫・一前宣正 1987. 世界の雑草 Ⅰ合弁花類. 全国農村教育協会.

竹松哲夫・一前宣正 1993. 世界の雑草 Ⅱ離弁花類. 全国農村教育協会.

竹松哲夫・一前宣正 1997. 世界の雑草 Ⅲ単子葉類. 全国農村教育協会.

Tilman, D. 2004. Niche tradeoffs, neutrality, and community structure : A stochastic theory of resource competition, invasion, and community assembly. Proc. Natl Acad. Sci. USA 101 : 10854-10861.

Tomaru N., M. Takahashi, Y. Tsumura, M. Takahashi, and K. Ohba 1997. Intraspecific variation and phylogeographic patterns of *Fagus crenata* (Fagaceae) mitochondrial DNA. Amer. J. Bot. 85 : 629-636.

上田恵介・野間直彦 1999. 林の中の"草の実"を運ぶもの. 上田恵介編, 種子散布 助けあいの進化論1 鳥が運ぶ種子, 築地書館, 76-85.

山口裕文 1997. 雑草の自然史－たくましさの生態学－. 北海道大学図書刊行会.

第5章
外来植物と都市緑化
～生態的被害・便益性の真の評価を「在来種善玉・外来種悪玉論」批判～

近 藤 三 雄
東京農業大学造園科学科都市緑化技術研究室

1．緑化における植物の取り扱いの経緯と現状

　これまで，さまざまな緑化においては適地適栽（植栽対象地の環境条件，空間特性，雰囲気に合致した植物の選択を行い，植栽すること）という大原則の下，使用する植物材料の選択を行ってきた．その際，自然環境地の緑化に際しては，基本的に在来植物に限って使用してきたが，都市緑化の場面では在来・外来にこだわらない対応をしてきた．多くの外来植物が長い歴史の過程で，それぞれの特性，便益性から求められる用途を満たす目的で導入されてきた．そのほとんどすべてが日本の気候風土，市民生活にもなじみ，外来植物であるという理由で，とくに問題視されることもなかった．今回，外来生物法に関連して，特定外来生物，要注意植物等にリストアップされた植物は，いずれも旺盛な生育を示すものばかりであり，だからこそ求められる用途，便益性を発揮できたわけである．そのあまり日本の在来植物を被圧するという嫌疑を一方的にかけられ害草扱いされるようになった．植物側に立って言えばこんな理不尽なことはない．
　一方，これまで多くの緑化関係者も，在来種（郷土植物）をさまざまな緑化の場面で積極的に活用することを考えてきた．その上で，在来種の性状では，容易にかなえられない緑化の目的や空間に適合する，より優れた性状を有する外来種を有効利用してきたとも言える．

2．植物の栽培体験のない行政マンと生態学者の独断専行

　植物が過繁茂して他の植物を被圧するか否かの判断は実際に数年間あるいは10年近く，さまざまな条件下で栽培してみないと本当のことは解らない．
　今回の特定外来生物や要注意植物の指定に当たってもこのような知見を持つ人，あるいは植物の栽培経験を持つ人が，その任にあたるべきである．残念ながら外来生物法に関係している環境省の担当官や委員となっている学識経験者の多くがほとんど栽培経験を持っていない．だからこそ現地からの報告という風聞やレポートだけで安易に特定外来生物や要注意植物の指定ができたのだと思う．

3．マスコミの一方的報道を憂う

　外来生物法施行以降，社会全体の動きを見ていて，最も気になることは，一般大衆には，外来生物を一方的に悪物ときめつけるような情報しか提供されていないということである．現在の外来生物法の運用に関してさまざまな場面で異を唱える声があるにもかかわらず，それらの意見が公の場でほとんど開陳されることがない．また，マスコミなどによって報道されることもない．
　筆者自身，このような現状を打開するため，つまり外来生物法の運用の非や行き過ぎを糺すためにこれまで朝日新聞「私の視点」紙上で3度「外来種・安易な駆除は無意味（2002年6月9日）」，「緑化事業，在来植物の礼賛は非現実的（2004年9月10日）」，「外来生物法，花や芝の安易な排斥は疑問（2005年10月8日）」という題目で意見開陳してきた．
　また，業界紙や雑誌などにも反論を書いてきた．依頼されるどんなテーマの講演でも必ず外来生物法の理不尽さを語ってきた．

5 外来植物と都市緑化

◆外来種 安易な駆除は無意味

近藤 三雄　東京農業大学教授・造園学

地球の現環境で生物種の減少が危惧される中で、日本在来の動植物の保全や自然再生を図るため、海外から移入された外来種の扱いを改めて問題視されている。

国土交通省は、水辺に生息する外来種であるセイタカアワダチソウを現地で撃退する際の参考となる手引書を作成する予定という。

北米原産でキク科のセイタカアワダチソウは40年ほど前から急速に勢力を広げ、空き地や耕作放棄地、河川敷などの荒廃地に根から化学物質を出して他の植物の発芽や生育を阻害することもあり、増殖の一因として考えられる。

また、勢力をほしいままにしたこと、日本で花粉症を引き起こす花粉症の原因植物として誤認された過去を持つ。

しかし、セイタカアワダチソウは虫媒花であり、花粉を飛ばしにくい。花粉症の原因植物というのは「冤罪」であり、最近では一時の勢いも影をひそめ、在来種のススキに生息地を奪い返されている。

秋には黄色の花を一斉に咲かせ、風にそよぐ穂はススキの穂と並び、庭に日本の風土に溶け込み、秋の風物詩になりつつある。

このセイタカアワダチソウを本格的に駆除、撃退するとすれば、他の種を用いるとしても、膨大な労力と費用を要する。仮に駆除できたとしても、後にはむき出しの土壌が残り、景観的にもより深刻な混乱をまねくしている。

セイタカアワダチソウが嫌われるのは、いまだ花粉症の原因植物として認識している人々がいることや、多くの人にとって、身近に当たり前から見る植物であり、特に40歳代以降の人々にとってはこの数十年間にあった植物でない、全く違和感を感じるといっていい。

秋に咲く黄色い花の美しさに気付かない人にも認められている。特に駆除しなければならないという必然性はなく、取り扱いも慎重にしたい。

外来種の扱いについては、こうした市民感覚も大事にしていきたい。ちなみに、花粉症の判断と対比を切に望む。ちなみに、街路樹などに多用され、日本の町の顔になりつつあるハナミズキも外来種である。

◆緑化事業 在来植物の礼賛は非現実的

近藤 三雄　東京農業大学教授(造園科学)

緑化事業に外来種を用いることに外来植物と対応を悩ましい。だから外来種は悪いという意見がある。

(8月7日付、紙谷拳文氏)。もちろん意見は、正論ではある。しかし、場所に応じた、それに適した植木の育成、それに携わる業者の生活を担う必要がある。反論したい。

緑化事業、景観の美しさは、都市の公園から、生活住宅の「緑」事業、つくられた「緑」、都市内の公園などはじめ、市民生活の美しさを求める。そのため、特殊な芝や外来種を使った、芝の植栽、緑化上などの「都市緑化事業」は大切である。

「郷土種」が不可欠とする緑化事業は、多くの緑化事業になじまない。

常緑樹、緑の芝生ある。サッカー場や校庭で、多くの芝生、競技場、ホーム全体、化を推進する上で、在来植物、国有の推奨は、多くの場合、サッカー場、ゴルフ、ビル緑化、人工地盤の西洋芝などは、うまくいかない。

在来種の西洋芝などは、ほとんど枯れる。人工地盤の建物内などでは、公園などでもやむをえない。決められた限られた管理人でも、庭園緑化を考える上で、都市公園のある緑化事業、外来植物を選ばないものである。

「郷土植栽」などの一般市民の意識を高めるが、在来の植物にこだわらず、特にここでは、多くの「地域性」ある、多用な視点と多様な選択肢がある。多くの選択が必要になる。多様な外来種を安易に利用するとの主張になるとかへ「地域性」の主張に、現代社会の産物の考えになる、緑化事業を見直し、緑化事業を「地域性緑化」に偏向にならないよう、進に関連を抱くものである。

緑化事業は、自然の植生に迫ろうとする現代的な空間を、快適な機能的な空間を生み出してほしい。

私の視●点　ウイークエンド

◆外来生物法 花や芝の安易な排斥は疑問

近藤 三雄　東京農業大学教授、日本芝草学会会長

外来生物法の規制対象となる第2次選定種に北米原産のオオキンケイギクが指定された。この花は強い永年草で、花期期間が長く飛び回る、特定外来種であり、私たちが全国の花壇・庭園などでお目にかかる可能性のある身近な植物である。

しかし、私たちが全国の花壇と庭園で見る、多くのオオキンケイギクは、裸地状態に戻っていることがある。

恒常的に人が管理している裸地などでは、オオキンケイギクはずっと生き延び、野生化しているわけでない。半世紀以上の前から、在来種を圧迫しているという事例は聞かれない。むしろオオキンケイギクが野生化している地は、かつての人間活動で放置、攪乱された場所などで、人間の行き届かない場所である。

人為の乱れた河川敷、多くの植物が人工的な攻撃にさらされてしまうと、自然な植生は変化する。「(町や市街の要素は)花と芝」ともいえる「町や街の自然」の一部となっているものである。

私たちの30年以上にわたって花壇に植えた美しい黄色の花が、危険な侵略者として指摘される動きに、何か違和感がある。人間の自然の侵略対象として、日本のオオキンケイギクを駆除するのに、大直面に成功する、オオキンケイ、異品種の花を愛する「園芸」、趣味は、閉ざされてしまうのか。

外来種を選ぶための、規制の対象として、緑の芝生のまま広がる可能性や土地の生育適性を考慮して、美しい黄色の花が、不可欠な一時代的な公園、広場の緑の景観が確立されている、美しい芝のあるいは研究者の、観察対象となって行くことも、なっている。

ウシノケグサやチガヤ、スズメノカタビラ、常緑の芝生を含む、イチゴにも不可欠な植生で、かつて美しい芝と花を咲かせる、ゴルフ場、競技場にも、化成品を守るために、限らず、身近な地盤を含む、植物の植物である。

多くの野生種、ムギを含む、多数の種が渡来した、これを規制対象に加えうる可能性がある。大多数の種が、侵入、定着したもので、多くの渡来種は、土壌や土の侵害、災害と、実際は重要な役割を果たし、重要な役割を果たしている、守るために重要な役割をしている。

トイアイランド現象の典型、夏の猛暑日の軽減などに、厳密な判断を元に基本である。

外来種と調和しているだけで、外来種とは、研究の対象として、緑の生きがたいものはない。

外来種を一括りにすることなく、日本の自然を守る、本来の目的に根ざした、外来生物法の対応を検討する必要がある。

4．オオキンケイギクを特定外来生物に指定したことは果して正義か

　今般の外来生物法の施行に関連して，植物の分野における象徴的な出来事としてはオオキンケイギクが特定外来生物に指定されたことである．今から20年前から，その使用を奨励し，今でもその利用を奨めている筆者は，イコール法破りの犯罪者ということになる．しかしながら研究者，科学者のはしくれとしてオオキンケイギクは優れた緑化材料であり，生態的被害をもたらす植物では断じてないとする信念は変わらない．また，オオキンケイギクは，ワイルドフラワーによる緑化に用いられ，近年，蔓延したかのように言われているが，筆者らが導入する相当以前からすでに日本各地で見られた．一部の地域で「特攻草」という名で呼ばれることが何よりの証拠である．第2次大戦末期，鹿児島の空港から飛びたった神風特攻隊員が最後に見た花あるいは恋人が摘んで万感の思いを花束にして託したということからこの名がついたという．

　オオキンケイギクを特定外来生物に指定した理由として，旺盛に繁殖し，既存の植物を消滅に至らしめる．堤防では他の植物が消えて株と株の間が裸地化し，土が流れてしまう危険性があるなどとも指摘されている．オオキンケイギクが純群落を形成すると，株と株の間に裸地が生じ，土が流れ出てしまうという事実は長年，観察してきた結果，全く認められない．

　オオキンケイギクの株元には次代の天下をねらう雑草がはびこり，結果として土が流れ出るようなことにはならない．また，オオキンケイギクはさまざまな空間の空き地に侵入するだけで，在来の植生がしっかり形成されている場所に入り込むことはない．したがって旺盛に繁殖し，既存の植物を消滅に至らしめることは断じてない．

5. 遷移現象が顕著な日本の植生環境下で何をもって「生態的被害」とするのか

　特定外来生物に指定されたり，要注意植物にリストアップされた外来植物は，要は「生態的被害」をもたらす．つまり在来植物を被圧する，遺伝子の撹乱を招く，生態系を乱すなどという理由で悪物扱いされた．しかしながら，その論拠が極めてあいまいであり，また，ある時点だけの状況だけで判断されているのは，はなはだ科学的でない．たとえば，ある河川敷に本来，その場所の植生ではないオオキンケイギクの群落が観察されただけで，その場所を奪われ，けしからんとするのはいかがなものかと思う．たまたま生態的地位（niche）が空いていたため，その場所にオオキンケイギクの種子が飛来し，発芽生育しただけの話である．

　かりにオオキンケイギクが大群落を形成したとしても一時的なものであり，時間の経過と共に，他の植物が侵入繁茂し，いずれ他の植物群落に移り変わっていく．放置しておけば，のり面植生等がクズによって遷移が偏向される以外，ある種類の植物群落が何年も何10年も同じ種類，組成でとどまっていることはない．どんどん移り変わっていく．栄枯盛衰必至が日本の自然の掟である．

6. 全国に播種したオオキンケイギクはほとんど消失している

　その証拠に筆者が1980年代後半から「ワイルドフラワーによる緑化（種子等で容易に繁殖でき，放植にも耐える世界中の野生草花あるいは園芸用草花の草種を用い，廉価でワイルドな花景観を創り出しようとする手法）」と称し，10〜30種類内外の草花の種子を混播する方法で花による緑化を進めてきた．その中には必ずオオキンケイギクを使ってきた．施工後，3年位経過すると，他の草花の多くは姿を消し，オオキンケイギクが優占してくる．場所

によってはオオキンケイギクの純群落の様相を呈する空間もあるが，それも一時的で，他の雑草，雑木に次第に被圧され，やがてオオキンケイギクも姿を消す．つまりオオキンケイギクは陽生植物であり，アレロパシー能も比較的弱いため，他の高茎の雑草や雑木が侵入してくると，光を奪われ，次第に生育が低下し，他の植物群落に取って替わられる．問題視された河川敷でも，いずれオオキンケイギクが姿を消すことになるはずである．恒常的に在来植物を被圧することはありえない．緑化に用いた在来植物も外来植物も放置しておけば，いずれ雑草・雑木に必ず被圧されるのが日本の自然の習いである．

7．要注意外来植物にリストアップされているものは緑化用としては有用なものばかり

　要注意外来植物の中で緑化用として何がしかの有用性，つまり修景（景観形成）効果，水質浄化，土壌浄化，空気浄化，のり面の侵食防止，芝生の常緑化，飼料，蜜源となるなどの便益性を有するものは数多い．ホテイアオイ，キショウブ，ムラサキカタバミ，ハリエニシダ，ランタナ，アメリカハマグルマ，モリシマアカシア，カエンボク，イタチハギ，ハリエンジュ，トウネズミモチ，シナダレスズメガヤ，オニウシノケグサ，カモガヤ，ネズミムギ，ホソムギ，オオアワガエリなどが該当する．これらを特定外来生物に指定し，その使用を制限することは緑化事業や関連産業に重大な影響を及ぼす．慎重な対応が望まれる．

8．のり面緑化，芝生の常緑化に重大な支障をきたす

　現在，要注意植物にリストアップされているオニウシノケグサ（トールフェスク）やホソムギ（ペレニアルライグラス）が特定外来植物に指定され，使用できなくなれば，防災目的を第一義として行われるのり面緑化事業に重大な支障をきたすことになる．のり面緑化に使用される草種については，過去からさまざまな検討がなされ，やせ地で乾燥も激しい立地環境の中で旺盛な

5 外来植物と都市緑化　111

生育を示し，その茎葉や根茎によって，見事な侵食防止の役割を果たすトールフェスクが半世紀以上前から主要草種として用いられてきた．のり面緑化の一次植生としての役割を果たしたトールフェスクの群落には直に周辺の雑草，雑木が侵入繁茂し，他の植物群落に遷移していく．数10年前に本種によって緑化を図った高速道路や住宅団地ののり面にもいずれもさまざまな種類の樹林が形成されている．つまり，のり面緑化用植物としてのトールフェスクは侵食や崩壊防止の用として極めて有能な性状を有し，しかも，その後の遷移も阻害しない緑化用芝生として位置付けられる．代替種はない．

図 5.1　のり面の安定・防災上，重要な役割を果たすオニウシノケグサ（トールフェスク）

また，トールフェスクやペレニアルライグラスは暖地において冬も緑の芝生を形成するための不可欠な草種である．これらにケンタッキーブルーグラスを加えた，いわゆる3種混合という使い方で暖地のサッカー場を冬も緑の芝生にする．ペレニアルライグラスはもう1つの芝生の常緑化手法であるウィンターオーバーシーディング用の切り札である．つまり夏の暑さに強いバーミューダグラスが冬枯れする前にペレニアルライグラスの種子をその上から播種し，冬季から春季にかけて休眠し，褐色となるバーミューダグラスの上で清々とした常緑化の芝生状態をつくりだす．特定外来生物に指定され

れば，日本の暖地において冬も緑の常緑の芝生は形成できなくなる．冬も緑の芝生は市民の強い願いでもある．代替種はもちろんない．

図5.2 常緑のサッカー場の芝生をつくりあげるのに不可欠なホソムギ（ペレニアルライグラス）

図5.3 冬も緑の校庭の芝生で子供達は元気になる．そのためにホソムギ（ペレニアルライグラス）は不可欠

9. 飼料や蜜源となる有用植物を規制することによる関連産業への影響

　要注意植物としてリストアップされた芝草は本来，牧草であり，重要な飼料作物でもある．また，ニセアカシアも日本においてすでに代表的蜜源植物としての地位を築いている．ニセアカシア産の蜂蜜は国内生産量の半分を占め，ニセアカシアが特定外来生物に指定され，除伐されてしまえば，養蜂家1,000人以上が廃業に追い込まれると言われている．関連産業に大打撃を与える．その補償をどうするのか．死活問題にも発展する．また，ニセアカシアはマメ科の肥料木でもあり，緑化材料として古くからやせ地の緑化用として重宝され，のり面や宅地造成地等に多く用いられてきた．景観的にもすっかり日本になじんでいる．

10. アメリカハマグルマ（ウェデリア）は沖縄県全土を覆うグラウンドカバープランツ

　1970年代に，ウェデリアは道路緑化などのグラウンドカバープランツとして導入され，現在はほぼ沖縄全土に広がっている．沖縄で見られるグラウンドカバープランツの内，最も広範囲に分布しているものである．つる状の茎葉が幾重にも茂り，他の雑草などの侵入繁茂を完全に抑制する．グラウンドカバープランツとして使用すれば，やっかいな除草管理のいらない「省管理型地被」の格好のものと言える．ほぼ周年，黄色の花を着け，修景効果も大きい．また，つる状の茎葉を有する植物という特性を活かし，石積みやコンクリートのり面の天端に植え付け，生育に伴い，下垂する茎葉によって容易に被覆修景することも可能となり，この種の空間も広範囲に覆っている．今や沖縄を代表するグラウンドカバーとなったウェデリアを要注意植物に指定していかなる意味があるのか．特定外来生物に昇格させ，駆除するなど，とても現実的には考えられない．

図 5.4 アメリカハマグルマ（ウェデリア）

図 5.5 沖縄の代表的なグラウンドカバープランツとなっているアメリカハマグルマ（ウェデリア）

11．セイタカアワダチソウの評価

　セイタカアワダチソウは，広く日本中に分布し，外来種としては，その扱いについて以前から物議をかもしていた代表種である．アレロパシー能の強い植物でもあり，またたく間に全国に拡がった．その時期と日本で花粉症が

顕在化した時期がたまたま合致したこともあり，花粉症の原因植物としての嫌疑をかけられた．いまだにそう信じている人も多い．

　セイタカアワダチソウの花粉は比較的大きく，飛散しにくく，虫媒花であり，花粉症の原因植物にはほとんどならない．無実の罪を長いこと着せられていたわけである．年に2回程，刈込み作業を施せば素晴らしいグラウンドカバーにもなる．秋には黄色の花を一斉に着ける．風にそよぐ様はススキの穂と並び，すでに日本の風土に溶け込み，秋の風物詩となっている．カドミウムの除去能にも優れ，茎はスダレの材料ともなる有用植物である．

　地域，場所によっては以前ほどの勢いを失い，ススキに生息地を奪い返されている空間もある．自らのアレロパシー能による自家中毒もその一因となっていると言われる．全国に拡がるセイタカアワダチソウを特定外来生物に指定して，本格的に駆除，撃退するとなれば莫大な労力と経費を要する．血税を使い，そのことに取組む意義はいかに．除去した後には先にも述べたように，よりやっかいな強害雑草が侵入してくる．セイタカアワダチソウは存在することによってそれらの侵入繁茂を防ぐ役割も果たしている．

図5.6　ススキとセイタカアワダチソウの織りなす秋の風景

12．特定外来生物の駆除した後の補欠現象が怖い

　要注意外来植物が次々に特定外来生物に格上げされた場合，駆除作業が行われることになる．膨大な労力をつぎこんでも，現実的に完璧に駆除することは難しい．仮に完璧に駆除された後，いかなる現象が起きるか関係者はシミレーションしたことがあるだろうか．特定外来生物や要注意植物が旺盛に繁茂していた土地は，人為的撹乱が進んでいるため，駆除されてできたすき間（ニッチェ：生態的すき間）には必ず補欠現象として，強度の花粉症原因植物でもあるオオブタクサなどの強害雑草が侵入繁茂する．花粉症を蔓延させることにもなり，植生環境としては以前より劣悪となる．

13．問題視されている外来植物は環境浄化の能力の高いファイトレメディエーション植物である

　また，ニセアカシアは今般，環境省が新たに問題視しているヒートアイランド現象の一因ともなる大気汚染物質のNO_xの浄化能力の高い植物であり，ホテイアオイやキショウブは水質汚濁の原因物質でもある窒素やリン酸の浄

図5.7　水質浄化能力と修景効果に優れるキショウブ

化能力も高い．トールフェスクやペレニアルライグラス，キショウブ，セイタカアワダチソウは土壌汚染の原因物質であるカドミウム等の除去能力も高いと評価されている．汚染された水質や土壌，空気質の植物による浄化はファイトレメディエーション（Phytoremediation）と呼ばれ，低コストで安全・確実な環境修復技術として注目されている．外来生物法の運用の中で，これらの点をどう評価していくのかも今後の課題と言える．

14．血税を使って都市部の国営公園内の特定外来生物，オオキンケイギクを駆除することの意味

　東京，立川にある国営昭和記念公園では数年前までは園内を修景する緑化用植物としてオオキンケイギクを大々的に使用してきた．公園を彩り，多くの市民にやすらぎを提供してきた．特定外来生物に指定されてから急転し，今では血税を使って見つけ次第，根こそぎオオキンケイギクの除去に努めている．放っておけば他の雑草にいずれ被圧され，消失してしまう．都市部の国営公園に咲くオオキンケイギクをわざわざ除去する必然性がどこにあるのか関係者に問いたい．

図 5.8　かつては積極的に植栽され芝生園地を修景していたオオキンケイギク，今は駆除対象

15. 地域固有種による緑化の実現性と欺瞞性

　外来生物法の制定を機に，にわかに高まってきたのが，地域固有種の植物を使った地域固有の景観の創出をねらった緑化が今後，本道になるという動きである．これを受け，植木生産者の間では地域固有種の生産，栽培が新たなビジネスチャンスになると色めきたっている．果して地域固有種による地域の景観を強調した緑化が現実にできるのか改めて考えてみたい．まず，ここでいう地域とは，どの程度の広がりを持つ空間単位を指すのかということが，まず問題となる．そのことの議論は尽きないため，さておき，次に地域固有種なる植物が果して存在するのかということである．植物は通常，広い分布範囲を有する．時には幾つもの気候帯をまたぐものもあり，日本で言えば，多くの植物の分布範囲は日本列島の2/3程度を占める．たとえば，東京と大阪ですら，ほぼ同じ気候帯にあるため，それぞれ固有の植物を使って，異なる景観を作り出すことが現実的に無理である．

16. 外来生物法が在来種の偏重，緑化事業の偏向をきたす

　外来生物法をきっかけとして在来種による緑化や，緑化用として好ましい在来植物の見直しなどが行われることは，それはそれで悪いことではない．実を言えば，長い緑化事業やそれに係る研究において在来植物を軽んじてきたわけでない．大いに活用してきた．一方，在来種で達成できなかった緑化目的を，それにかなった外来種でまかなってきた．ある段階からは先にも述べたように在来種，外来種という種別をほとんど意識することはなくなった．在来種偏重の動きは緑化事業や手法を誤った方向に偏向しかねない．土壌シードバンク（表土のまき出し）を例に，その危うさについて述べる．この手法は，ある場所を緑化，あるいは植生復元するための手法として，播種や植栽を行わず，その場所に周辺地域から採取した表土をまき出し，中に含まれる埋土種子の発芽，生育によって緑化しようというものである．

地域固有の植生の復元を図るには比較的安価でもってこいの手法として一部でもてはやされている．とくに外来生物法によって在来種による緑化が改めて注目されるようになって，この手法が大きく脚光を浴びるようになった．しかしながら，緑化手法としては，きわめて博打的性格の強いものであり，緑化の確実性という視点からすれば，きわめて問題の多い手法といえる．つまり，果して，表土中に，その地域の植生を構成する植物の種子が含まれているのか．それらが発芽生育して，その地域の固有の植生が確実に，そこに再生するのか．その間の育成管理はどうするのか．目標とする植生（樹林）が成立するまでに，どの程度の年数がかかるのか．緑化技術としては未熟なまま実際の工事だけは着々と行われている．一部地域においては，この手法がのり面緑化に広く採用され，所によって目論みどおりの埋土種子からの発芽・生育が十分でなく，降雨によって吹付けした肝心の表土が流亡し，無惨な結果となっている所もあるようである．

建築物が林立する都市内の人工的な緑化空間に使用する植物材料についても外来生物法が施行されて以来，在来種の導入が声高に叫ばれるケースも多くなった．中でも人工環境の極致と言える屋上緑化空間にまで在来種による緑化が主張されるなど，明らかに行き過ぎと思える動きが目につくのが残念でならない．また，そのような場合，しからば在来種のいかなる種類の植物を使って，植物の生育にとって過酷な条件下となる屋上を緑化するのか具体的な種類の指定が行われることはない．在来種による緑化の主張が正義であり，何となく今の時代斬新だと思いこんでいるきわめて感覚的な判断の結果の主張に過ぎない．

のり面緑化などの大規模な緑化工事を効率的に行うとすれば，播種法に頼るしかない．ただし，播種に要する種子の量も大量に必要となる．緑化用種子を大量に安価に入手するのは容易ではない．かりに，のり面緑化に導入できる在来種の有望種が今後，見つかったとしても，まず，その植物は種子繁殖が容易なのか，大量に種子を着生するのか．さらに，この点が最も重要であるが，種子が採取できる親群落があるのか．仮にあったとしても各地の緑化工事に十分な種子の量が確保可能な規模の親群落なのか．さらに人件費の

きわめて高い日本においては，種子の採取作業に莫大な経費もかかり，その結果，種子の値段も高くなり，安価な緑化工事にはとてもならない．

17. 在来種に拘泥するあまり，逆に遺伝子の撹乱を招いていないか

在来種によるのり面緑化の切り札となっている感もするヨモギ．現在，のり面緑化等で使われているヨモギの種子の大半は中国産である．元々，日本に自生するものとは異なる遺伝子を有するヨモギが在来植物という大儀の下に堂々と使用されている．それこそ遺伝子の撹乱は必至である．この矛盾を関係者はどう考えるのか問いたい．

18. 外来生物法の精神と在来植物「クズ」の扱い

外来生物法の精神は日本の在来植物を守ることにある．日本の在来植物を被圧し，それこそ生態的被害を与えている植物の代表種は日本在来のクズであることに間違いない．クズは年間の伸長量が10mを超す永年生つる植物の中で最大の伸長量を示す植物であり，葉も大きく，他の植物の上にのしかかる様に生育し，遮光し，他の植物を被圧してしまう．のり面などにクズが侵入すると，またたく間に既存の植生の上を覆い尽くし，純群落を形成し，新たな他の植物の侵入を一切，許さない．また，林縁内の立木に覆いかぶさり，枯死に至らしめる．クズの侵入によって自然の遷移が偏向してしまうケースも多い．クズは人の手によって撹乱された場所で旺盛に繁茂する．

恐らく昔は今のようにクズがそこかしこに旺盛に繁茂して他の植物が被圧される場面がそうなかったものと思われる．開発の進行に伴ってクズの猛威は確実に増した．セイタカアワダチソウの比ではないクズをこのままのさばらしておいてよいのか．誰がみても日本の在来植物や植物を被圧する主犯である．筆者もかつて緑化の試験に用い，生育の旺盛さに驚かされた．クズは在来植物であるため無罪放免となるのか，関係者に詰問したい．

図 5.9　クズの生育力の旺盛さは脅威

19．要注意植物の無罪放免を

　要注意植物にリストアップされ，公表されてしまった植物群については，多くの人は「害草」というイメージを既に抱き，その使用は厳に避けるべきであり，駆除すべきであると短絡して理解している．現時点では灰色扱いであるにもかかわらず，実質的には黒である．これらはいずれも無実の罪を負わされたものであり，早速，リストからはずし，汚名を返上すべき，名誉回復のための何がしかの措置を施すべきである．筆者の所属する日本芝草学会でも，この種の措置を速やかに環境省当局に講じて欲しい旨の嘆願書を時の環境大臣宛に会長名で平成17年9月27日付で出したが，一切音沙汰ない．さらに一部で実しやかに語られている「これからは都市緑化に外来植物は使いずらくなり，在来植物を使うことを心がけるべきである」という風評も可及的速やかに払拭するための策を講ずるべきである．なお，これらの要注意植物を特定外来生物に昇格させるような愚だけは避けたい．つくってしまった法律の運用のため，これ以上，無益な魔女狩りをしてはならない．

20. さらなる優れた性状を有する外来緑化用植物の積極的導入を

　外来生物法が施行されて以降，外来緑化用植物の積極的導入という当たり前の正しい行為が何か悪いことでもするようなこととして，一部でみなされるようになったことも外来生物法の負の遺産とも言えなくもない．外来生物法に臆することなく，海外にはまだまだ日本の都市緑化に有用性のある植物群が数多くある．寒さ，暑さ，乾燥，潮風，日陰に耐えるもの，強いもの．より丈夫なもの．より美しいもの．緑化の可能性を広げ，自由度を高めるためにも積極的導入を図る必要がある．特に温暖化ヒートアイランド対策の切り札とも言える超薄層の緑化基盤の屋上・壁面緑化用の熱く・乾燥する条件下でも生育可能な植物群の導入は不可欠である．

21. 今後の課題
－温暖化対策と都市緑化，外来生物法の運用－

　今後もこれまでとおり，緑化の目的，用途に応じて適正な植物を在来植物，外来植物の別なく使いこなす緑化のあり方は変わることない．とくに CO_2 の吸収固定，ヒートアイランド現象の緩和など，温暖化対策の切り札として都市緑化が位置付けられているからなおさらである．

　一方，温暖化，夏季の日中の気温が38℃や40℃を超える高温によって植物の分布，緑化に使用する温帯性植物への生育ダメージ（植物の熱中症）も懸念される．植物の健全生育が担保されなければ温暖化防止の機能も発揮されなくなる．在来種，地域固有種による緑化など悠長なことは言っていられない事態になっている．「熱くなる大都市」を救うためには，在来種・外来種の別なく，耐暑性に富み，CO_2 吸収固定能，二酸化窒素浄化能に優れた植物の選択的利用が要件となる．

参考文献

近藤三雄 2005. グリーン考現学 (1) 在来種・外来種問題を考える，グリーンニュース 69, 16-19.

近藤三雄 2006.「外来生物法」負の連鎖への懸念－都市緑化の視点から断固，立ち向かう－，緑の読本 76, 67-71.

近藤三雄 2006.「外来生物法」の逆風の中で，芝生の新たな用途と魅力－時流とビジネスチャンス－，芝草研究 34 (2), 107-111.

近藤三雄 2008.「外来生物法」を憂う，グリーンエージ 35 (1), 24-25.

第6章
外来動物問題とその対策

羽山 伸一
日本獣医生命科学大学野生動物教育研究機構

　近年，アライグマなどの外来動物が，農作物や住宅へ深刻な被害をもたらし，社会問題化している（羽山，2001）．また，こうした外来動物が人間や家畜へ狂犬病などの重篤な感染症を媒介することも懸念されるようになってきている．

　しかし，外来動物の問題は，こうした人間社会への被害にとどまらず，生態系に深刻な影響を与え，最悪の場合は在来の野生生物を絶滅させることがあり，新たな環境問題として対策が急務となっている．

　とくに，島嶼地域における絶滅の半数以上は外来動物を含む外来生物がその原因と考えられており，わが国を含めた島嶼地域では，外来生物対策が喫緊の課題である．たとえば，現実にグアム島では外来のヘビであるミナミオオガシラにより，鳥類のほとんどが絶滅している．なかでも，グアムクイナはグアム島にしか生息していない固有種で，1982年に野生の個体は絶滅してしまった（図6.1）．

　グアムクイナは，捕食者のいない島嶼で進化したため飛翔能力を持たない．そのため，生息地の破壊で個体数が減少していたところに，1940年代に持ち込まれたミナミオオガシラ（図6.2）によって捕食され，激減した．最後の21羽となった段階で米国連邦政府によって捕獲され，米国内の動物園で飼育下繁殖が試みられることとなった．また，1984年にはESA（米国絶滅危惧種法）の指定種となり，回復計画が策定された．

図 6.1 飼育下で繁殖したグアムクイナ

図 6.2 グアム島で野生化している外来動物のミナミオオガシラ

図 6.3 グアムクイナ飼育繁殖施設（グアム島，台風の影響を軽減するため屋根が低く設計されている）

図 6.4 ミナミオオガシラの簡易設置式行動遮断ネット

　その後，奇跡的な復活と呼ばれるほど順調に飼育下で個体数が回復し，約200羽がグアム島に里帰りした．グアム島では，グアム政府と米国連邦政府による共同事業で飼育下繁殖が進められ（図6.3），1998年からもとの生息域に再導入が試みられた．しかし，これまでに620羽が放鳥されたがすべて前述のヘビやネコなどに捕食されたり，あるいは飢餓死したと考えられている．グアム島では，年間16億ドル（2004年）が外来のヘビ対策に投じられているが，捕獲だけの対策では限界があり，さまざまなヘビの行動制御技術の開発研究が行われている（図6.4）．

　このように，ひとたび深刻な影響を与える外来動物を生態系へ持ち込んでしまうと，その対策には莫大な経費や時間を要してしまい，場合によっては取り返しのつかない事態となる．本章では，外来動物による生態系への影響

に関わる事例やその対策について紹介する．

なお，本章で対象とする外来動物は，魚類を除く脊椎動物とし，その他の動物は他の章を参照されたい．

1. 外来動物とその影響

野生生物は，気候や地形などの条件によって，生息できる地域が制限され，地域ごとに特色をもった生態系が形づくられているが，各地域に固有の生物を「在来生物（在来種）」という．

一方，野生生物の本来の移動能力を超えて，意図的・非意図的に関わらず人間によって移動させられた生物を「外来生物（外来種，移入種）」という．たとえ同一の在来生物が分布する地域であっても，その生物の移動能力を超えて人為的に移動させられた場合は，外来生物となる．また，人間の管理下にある家畜化された動物についても，生態系に持ち込まれた場合には外来生物となる（図6.5）．外来生物は，知られているだけでも国内に2,000種以上が定着し，すでに生態系や農作物等に被害を及ぼしているものも少なからずいる．

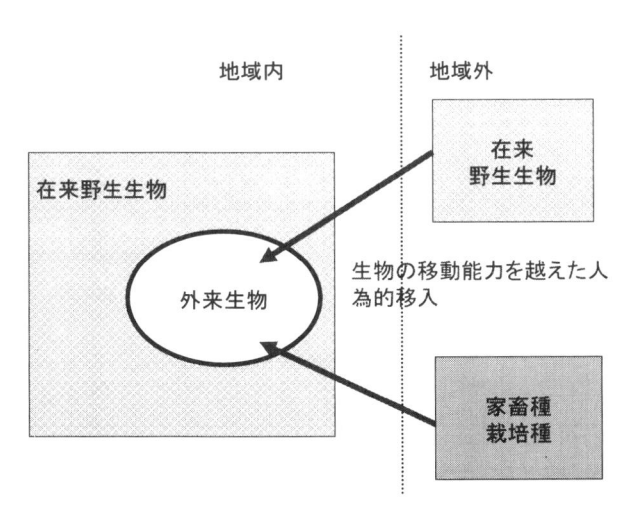

図6.5 外来生物の概念図

このうち，外来動物の種数は130種あまりだが，その生態系への影響の大きさから，外来生物対策の多くが外来動物を対象に実施されているのが実情だ．外来動物が生態系へ影響を与える主要な原因は，後述するように，(1)捕食・競合による在来生物への影響，(2)植生の破壊，(3)遺伝的なかく乱，(4)感染症の媒介，の4つにまとめることができる．

(1) 捕食・競合による在来生物への影響

　マングース，イエネコ，アライグマなどおもに肉食性の外来動物が，在来生物を捕食することで減少あるいは絶滅させる．また，これらの外来動物と同様の食性やニッチを持つ在来動物が，生態的に競合する関係となることで，在来動物を減少あるいは絶滅させる．

　こうした影響の典型的な例は，沖縄本島北部地域のヤンバル（山原）で起こっているヤンバルクイナ（図6.6）の激減だ（羽山，2005）．

　この野鳥は1981年に新種として記載され，わが国では62年ぶりとなる新種の鳥類の発見で大きな話題となった．1985年に行われた調査では，ヤンバルの森のほぼ全域で生息が確認され，まさにヤンバルの森の象徴といえる野生動物だった．

　ところが，2000年の調査（沖縄県・山階鳥類研究所，2000）で急激な勢いで絶滅地域が広がっていることが明らかとなった．その原因は，毒蛇である

図6.6　ヤンバルクイナ（NPO法人どうぶつたちの病院・ヤンバルクイナ野生復帰センターで飼育中のつがい）

図6.7　沖縄県やんばる地域で捕獲されたマングース

ハブや野鼠の対策のために1910年に海外から沖縄本島南部地域へ導入されたマングース（図6.7）によるものと考えられている．これは，マングースの定着した地域ではヤンバルクイナの生息が確認されなくなるからだ．事態を重く見た環境省と沖縄県は，マングースの捕獲を開始し，すでに7,000頭以上を捕獲しているが，その後の調査でもさらに絶滅地域は拡大しており，このままではヤンバルクイナが絶滅するおそれがある．

（2）植生の破壊

ヤギやイエウサギなどの草食動物が野生化し，植生を根こそぎ採食することによって土壌流出が起こり，植生が再生不能になるような事例が，全世界的に発生し，とくに島嶼地域では深刻な問題となっている．

わが国でも，小笠原諸島ではヤギ（図6.8）による大規模な植生破壊により，希少植物などは絶滅するおそれがあり，また土壌流出による海洋汚染でサンゴ等にも影響が出るなど，事態が深刻化した．

これまでに，無人島では捕獲によりヤギの完全排除に成功した島もあり，徐々に植生の回復が見られている．しかし，裸地化した後に外来植物が侵入し，在来種が回復できない地域も出ている．

図6.8 小笠原諸島・父島で野生化しているヤギ

（3）遺伝的なかく乱

通常，近縁種間では生殖隔離現象があり，交雑することはない．しかし，自然界では出会うはずのない近縁種が外来動物として在来種の生息域に導入されると，繁殖して雑種化が進行することがある．この結果，本来の在来種の遺伝的特性が失われてしまうことは，イギリスのアカシカ（在来種）とニホンジカ（外来種）の交雑問題で以前から知られていた．すでに，これと同

様の問題は，わが国でも進行している．

　たとえば，和歌山県などでは外来動物のタイワンザルが野生化し，在来のニホンザルと交雑を繰り返している．また，千葉県でもアカゲザルが野生化して，同様の現象が起こっている．

（4）感染症の媒介

　外来動物の保有している病原体が，人や家畜との共通感染症である場合，防疫上の大きな問題となる．近年，世界各地で深刻な影響をおよぼす新興感染症の流行は，こうした外来動物が媒介している可能性がある．

　一方，こうした問題は野生動物へも深刻な影響を与える．長崎県対馬にのみ生息するツシマヤマネコ（図6.9）は生息個体数が80～110頭と絶滅のおそれが高い．このような状況で，1996年にイエネコ由来のFIV（ネコ免疫不全ウイルス，いわゆるネコのエイズ）がツシマヤマネコへ感染したことが確認された．イエネコのFIVが野生ネコ科に感染した事例は，世界で唯一である．これまでに3症例が発見されているが，FIVによる致死率が高いため，ツシマヤマネコの個体数減少を加速するおそれがある．

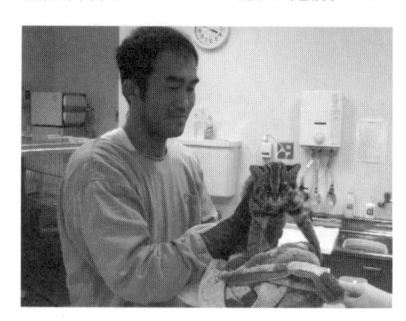

図6.9　救護されたツシマヤマネコの幼獣

2．外来動物対策の考え方

　このような外来動物を含む外来生物による生態系等への影響は，輸送手段（航空機や船舶など）の大型化や経済のグローバル化などによって，地球規模に拡大し，また深刻化しつつある．1992年に締結された生物多様性条約では，外来生物への対策が締約国に求められている．

　わが国では，外来生物の対策を進めるために，特定外来生物による生態系等に係る被害の防止に関する法律（以下「外来生物法」という）が2005年に

制定された．外来生物法では，生態系に深刻な被害を及ぼしているか，あるいは及ぼすおそれのあるものを「特定外来生物」として指定し，輸入，飼育，販売，放逐等を厳しく制限することとなった．

もっとも，外来生物法では，明治期以降に国外より導入されたことが明らかな野生生物の中から特定外来生物を指定することとなった．つまり外来生物法のもとでは，国内移動によるものおよび江戸期以前に持ち込まれた外来生物や家畜種は法規制の対象外とされた．

しかし，外来生物法で規制されない生物種のうち，とくに外来動物による影響は前述のように深刻なもの多いため，外来動物問題の解決に向けての基本的な考え方を示す必要がある．（社）日本獣医師会では，対策の対象となる外来動物を，その由来により以下に示す3種類に大別した上で，それぞれの取扱に関する考え方を提案している（（社）日本獣医師会，2007）．

（1）野生動物由来外来生物

これは，飼育されていた野生動物が遺棄または逸走によって再野生化したもので，現在大きな問題となっているアライグマ等がこれにあたる．

（社）日本獣医師会では，このような外来動物による生態系等への影響の有無に関わらず，原則として一般の家庭では野生動物を飼育すべきではないと結論付けた．それは，一般家庭において野生動物の生態に適した飼育環境や飼育技術を提供することは困難であり，動物福祉の観点からも望ましくないからである．

多くの野生動物がペットショップの店頭で販売されている現状を考えると，このような提言を実現させることは困難かもしれないが，第2，第3のアライグマを生み出さないためにも，（社）日本獣医師会がこのような宣言をすることは大きな意味を持つ．

（2）家畜由来外来生物

これは，家庭動物を含む家畜が遺棄または逸走によって野生化したもので，イエネコやヤギ等がこれにあたる．

家畜を適正に飼育管理することは当然のことではあるが，とくに希少野生生物が生息するような地域では，不必要な繁殖を制限するための不妊処置やマイクロチップによる個体識別（登録）の普及（できれば条例化）などもあわせて必要である．これは，こうした地域で家畜が野生化すると，生態系へ大きな影響を与えるおそれが高いからだ．

（3）国内移動による外来生物

野生動物の飼育に関する考え方は（1）に示したが，救護個体など必ずしも飼育を目的にしていなくても一時的に野生動物を人間の管理下におき，野生復帰させる場合がある．こうした例で在来の野生動物を放逐する際，その個体の移動能力を越えた地域に移動させてしまうことは大きな問題がある．

これは，わが国が複数の動物地理区にまたがり，多くの島嶼で構成される

表 6.1 特定外来生物の野生化原因

分類群	主要な原因			
	飼育（愛玩，展示等）動物の遺棄・逸走	産業用動物の遺棄・逸走	天敵利用のための放逐	貨物等への混入
哺乳類	タイワンザル，カニクイザル，アカゲザル，アライグマ，カニクイアライグマ，クリハラリス（タイワンリスも含む），トウブハイイロリス，キョン，ハリネズミ属，キタリス，タイリクモモンガ	ヌートリア，アメリカミンク，シカ亜科，マスクラット，フクロギツネ	ジャワマングース	
鳥類	ガビチョウ，カオグロガビチョウ，カオジロガビチョウ，ソウシチョウ			
爬虫類	カミツキガメ，グリーンアノール，ブラウンアノール，タイワンスジオ	タイワンハブ		ミナミオオガシラ
両生類		ウシガエル	オオヒキガエル	シロアゴガエル，コキーコヤスガエル，キューバアマガエル

ため，地域的に固有の生物相や固有種（または固有の遺伝子集団）の存在が知られており，このような人為的な移動が遺伝子集団のかく乱を引き起こすおそれがあるからだ．したがって，在来の野生動物といえども，みだりに本来の生息域以外に移動させてはならない

外来動物が野生化した原因の多くは，飼育されていた個体の遺棄または逸走である（表6.1, 6.2）．したがって，外来動物問題の解決には，飼育に関わる人間の行為を制御することがもっとも重要である（羽山，2002）．その点では，外来生物法で特定外来生物の流通や飼育を原則禁止としたことは，あらたな外来動物の発生を抑止する効果が高いと期待される．

一方で，世界自然遺産のガラパゴス諸島をはじめ，世界各地で野生化した

表6.2 外来生物世界のワースト100にリストされた外来動物（IUCN, 2000）

分類群	和名	学名
両生類	ウシガエル オオヒキガエル コキーコヤスガエル	*Rana catesbeiana* *Bufo marinus* *Eleutherodactylus coqui*
爬虫類	ミナミオオガシラヘビ ミシシッピーアカミミガメ	*Boiga irregularis* *Trachemys scripta*
鳥類	ガイロハッカ シリアカヒヨドリ ホシムクドリ	*Acridotheres trisitis* *Pycnonotus cafer* *Sturnus vulgaris*
哺乳類	フクロギツネ イエネコ ヤギ トウブハイイロリス カニクイザル ハツカネズミ ヌートリア ヨーロッパイノシシ アナウサギ アカシカ アカギツネ クマネズミ ジャワマングース オコジョ	*Trichosurus vulpecula* *Felis catus* *Capra hircus* *Sciurus carolinensis* *Macasa fascicularis* *Mus musculus* *Myocastor coypus* *Sus scrofa* *Oryctolagus cuniculus* *Cervus elaphus* *Vulpes vulpes* *Rattus rattus* *Herpestes javanicus* *Mustela erminea*

※太字は，飼育個体の遺棄・逸走が主要な野生化原因である動物種

天売島：海鳥繁殖地での捕食

やんばる：ヤンバルクイナなどの捕食

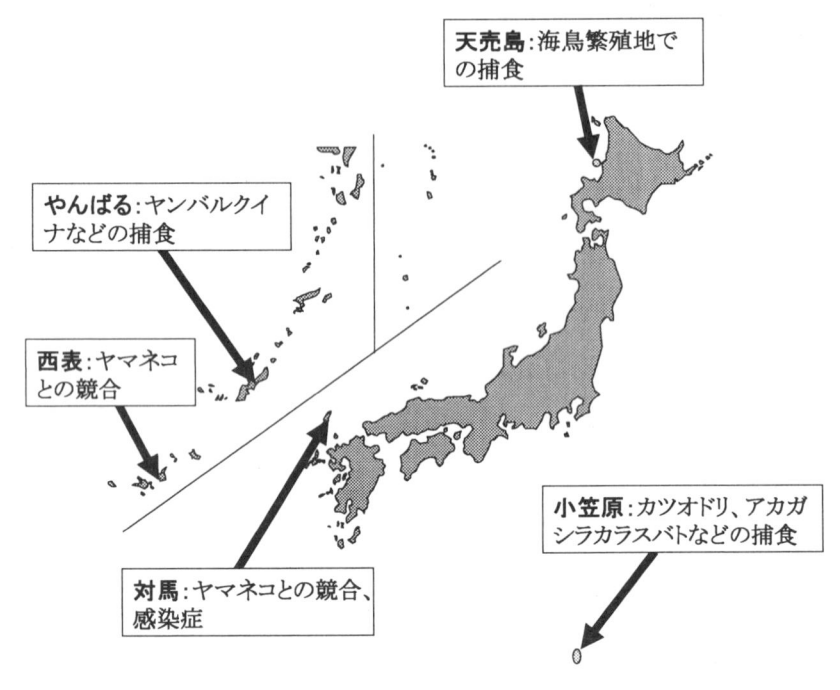

西表：ヤマネコとの競合

対馬：ヤマネコとの競合、感染症

小笠原：カツオドリ、アカガシラカラスバトなどの捕食

図6.10　わが国における野生化したネコによる生態系への影響

図6.11　小笠原村の「しまネコ懇談会」で適正飼養について講演する獣医師（(社)東京都獣医師会とNPO法人どうぶつたちの病院による獣医師派遣団）

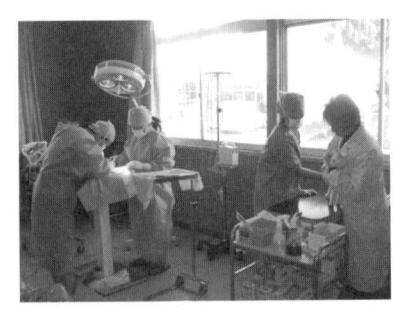

図6.12　対馬地区ネコ適正飼養推進連絡協議会による動物医療支援活動の様子

6 外来動物問題とその対策

表 6.3 各地の野生化ネコ対策

地域名	小笠原諸島	西表島	対馬	やんばる
自治体名	東京都小笠原村	沖縄県竹富町	長崎県対馬市	沖縄県国頭村、東村、大宜味村
影響を受けている希少動物	アカガシラカラスバト、ハハジマメグロ、など	イリオモテヤマネコなど	ツシマヤマネコなど	ヤンバルクイナ、ホントウアカヒゲ、ノグチゲラ、オキナワトゲネズミ、ケナガネズミなど
主な影響	捕食	捕食、感染症の媒介	競合、感染症の媒介	捕食
ネコ適正飼養条例	あり (1996年制定)	あり (2001年制定)	なし	あり (2005年3村で同時制定)
個体登録制度	あり (条例に基づく)	あり (条例に基づく)	あり (協議会による登録)	あり (条例に基づく)
マイクロチップの義務付け	なし	なし	なし	あり
飼い主のいないネコの捕獲等	不妊化放逐 (集落内)、連絡会議による保護収容 (希少種生息地域)	連絡会議による保護収容 (全島)	協議会による保護収容 (FIV感染高リスク地域)	マングース捕獲事業 (環境省・沖縄県) で捕獲された個体を条例に基づき譲渡
実施体制	小笠原ネコに関する連絡会議 (国、都、村、NPO等)	西表ペット適正飼養連絡会議 (国、県、町、NPO等)	対馬地区ネコ適正飼養推進連絡協議会 (国、県、市、NPO等)	北部地域動物の適正飼養推進連絡会 (県、市、NPO、国等)
獣医師団体の関与	(社) 東京都獣医師会、NPO法人どうぶつたちの病院	九州地区獣医師会連合会ヤマネコ保護協議会、NPO法人どうぶつたちの病院	九州地区獣医師会連合会ヤマネコ保護協議会、NPO法人どうぶつたちの病院	(社) 沖縄県獣医師会、NPO法人どうぶつたちの病院、ヤンバルクイナたちを守る獣医師の会
課題	臨床獣医師が常勤する動物医療施設がない	新たな飼育動物の移入があり、検疫制度の導入も含めた条例改正を検討中	対象となる面積、人口 (約4万人) が大きく、全域での対応が困難	臨床獣医師が常勤する動物医療施設がない。村によっては登録率の低い

ネコによる生態系への影響が深刻化している．わが国でも，すでにいくつかの地域で影響が顕在化している（図6.10）．

　ネコのように飼育するために改良されてきた家畜動物の場合，飼育を規制することは困難であり，また野生化した個体を捕獲処分することも根本的な解決にならないばかりか，感情的な反発を受けて逆効果となる場合すらある．このような動物に対する対策は，飼い主に対して適正飼育に関する普及を絶えず行いながら，飼い主責任を明確にするためのマイクロチップによる登録義務化などの制度整備をすすめ，飼い主のいない個体の保護収容体制を確立することが効果的である（羽山，2003）．すでに，こうした取り組みは，各地の獣医師会が中心となってすすめられ，一定の成果をあげつつある（表6.3，図6.11，6.12）．

3．生態系からの排除および処分方法

　定着した外来動物が生態系等へ影響を与えていることが明らか，あるいはそのおそれが高い場合には，対象となる外来動物を生態系から排除する必要がある．ただし，この対策は健全な生態系をとりもどすための取り組みであり，外来動物を排除することそのものが目的であってはならない．また，外来動物問題は，外来動物自身が悪者ではなく，人間が動物を適切に扱っていれば起こらなかったことを認識すべきである．

　外来動物を生態系から排除するにあたっては，むやみな捕獲は避け，科学的かつ計画的に実施すべきである．とくに，対象となる動物が外来生物法の特定外来生物に指定されている場合には，法定計画である防除実施計画を策定して対応する必要がある．

　これは，無計画な捕獲では効果的な個体数の減少につながらず，問題解決を長引かせるばかりか，捕獲された動物の生命を無駄に奪い続ける可能性が高いからだ．計画的な捕獲では，一時的に多くの生命が失われることがあっても，長期的にはもっとも処分される個体数が少ないことが，これまでの多くの外来生物対策で明らかとなっている．動物の生命を尊重する立場からも，対策は科学的かつ計画的にすすめる必要がある．

生態系等に影響のある外来生物を生態系から排除する場合において，捕獲された個体を殺処分する必要がある場合は，可能な限り動物に苦痛を与えない人道的な方法を選択すべきである．（社）日本獣医師会（2007）は，こうした考え方に基づく動物の殺処分を「安楽殺処分（humane killing）」と定義した．

　野生動物の人道的な処分方法については，すでに米国（AVMA，2001）をはじめとして，さまざまなガイドラインが公表されている．わが国でも，（社）日本獣医師会（2007）が外来生物法の施行を受けて，「特定外来生物の安楽殺処分に関する指針」を取りまとめ，公表した．これは，各地で特定外来生物の防除が進む中で，必ずしも人道的な方法によって殺処分が行なわれていない実態や，わが国には野生動物を対象とした処分方法の基準が存在しないなどの課題に，すみやかに対応すべく暫定的に策定したものである．

　この指針は，今後，新たな知見や防除に関わる人的および予算的な状況の変化に応じて，常に見直されるべき性質のものである．したがって，この指針では，既存文献等で知られている野生動物の処分方法のうち，非人道的な手法として使用を認めないものを定め，また安楽殺処分の方法としてもっとも推奨されるものを第1選択肢として提示するにとどめている（表6.4，表6.5）．

表 6.4 特定外来生物の安楽殺処分に関する指針（(社)日本獣医師会, 2007）

特定外来生物を安楽殺処分するにあたっての留意点を以下に述べる。
ここでは最も推奨される方法について別表に例示する。
来生物を対象とする。なお、本指針は、狩猟等により捕殺する場合ではなく、人の管理下にある外

1 動物の安楽殺処分は平成7年総理府告示第40号「動物の処分方法に関する指針」および「動物の処分方法に関する指針の解説」に準拠する。
2 安楽殺処分は原則として獣医師がおこなう。
3 命への尊厳の気持ちを基本に人道的な方法でおこなう。
4 保定に手間取るなど動物に不必要なストレスを実施する場合、動物が受ける苦痛の程度と苦痛ストレスを受ける時間が最小になるようにする。
5 安楽殺用薬剤を投与する前に、全身麻酔を必要とする動物種が多い。
6 静脈確保が困難な種では腹腔内投与をおこなう。
7 以下の処置は危険あるいは無差別的で人道的ではないため、行ってはならない。
物理的方法：溺死、窒息、焼却、放血、頭部強打
薬剤投与：毒餌、抱水クロラール、クロロホルム、シアン化合物、ホルマリン、神経筋遮断薬（ニコチン、硫酸マグネシウム、塩化カリウム、クラーレ）、ストリキニーネ、筋弛緩剤（サクシニルコリン等）の単独使用を避け、他剤と併用しても意識消失後に投与する。
8 死亡を確実に確認する。
本報告では麻酔薬の過剰投与による方法を採用したが、深麻酔状態を死亡と見誤らないよう、死亡確認を確実におこなう。生きたまま焼却されるようなことがあってはならない。
9 本指針については安楽殺処分に用いる薬剤や機材等の改良の動向等を踏まえ、適宜、見直しを図る必要がある。

■ 哺乳類

科	属	特定外来生物	安楽殺処分への順序	不動化薬剤	安楽殺用薬剤
クスクス Phalangeridae	フクロギツネ Trichosurus	フクロギツネ (T. vulpecula)	不動化後に安楽殺用薬剤を投与する。	ケタミン30 mg/kg＋キシラジン6 mg/kgを筋注。	ペントバルビタール（200 mg/mL）を用いる。140 mg/kg静脈内または腹腔内投与。ハロセン、イソフルラン等吸入麻酔薬の高濃度吸入。

科	属	特定外来生物	安楽殺処分への順序	不動化薬剤	安楽殺用薬剤
ハリネズミ Erinaceidae	エリナケウス (ハリネズミ) Erinaceus	ハリネズミ属の全種	革手袋をはめた手で保定し、安楽殺用薬剤を投与する。	—	ペントバルビタール (200 mg/ml) を用いる。140 mg/kg 腹腔内投与。ハロセン、イソフルラン等吸入麻酔薬の高濃度吸入。
オナガザル Cercopithecidae	マカカ Macaca	タイワンザル (M. cyclopis)	不動化後に安楽殺用薬剤を投与する。	ケタミン 10~15 mg/kg を筋注。ケタゼパム 1 mg/kg 筋注。ケタミン 5~7.5 mg/kg + メデトミジン 0.033~0.075 mg/kg 筋注。	ペントバルビタール (200 mg/ml) を用いる。140 mg/kg 静脈内または腹腔内投与。ハロセン、イソフルラン等吸入麻酔薬の高濃度吸入。
		カニクイザル (M. fascicularis)			
		アカゲザル (M. mulatta)			
ヌートリア Myocastoridae	ヌートリア Myocastor	ヌートリア (M. coypus)	不動化後に安楽殺用薬剤を投与する。	ケタミン 20~100 mg/kg + ジアゼパム 2 – 8 mg/kg を筋注。ケタミン 40~100 mg/kg + メデトミジン 0.25~1.0 mg/kg 筋注。	ペントバルビタール (200 mg/ml) を用いる。140 mg/kg 静脈内または腹腔内投与。ハロセン、イソフルラン等吸入麻酔薬の高濃度吸入。

科	属	特定外来生物	安楽殺処分への順序	不動化薬剤	安楽殺用薬剤
リス科 Sciuridae	カルロスキウルス（ハイガシリス）Callosciurus	クリハラリス（タイワンリス）(C. erythraeus)			
	プテロミュス Pteromys	タイリクモモンガ (P. volans) ただし、次のものを除く。・エゾモモンガ (P. volans orii)	用手保定あるいは網による保定をおこない安楽殺用薬剤を投与する。	—	ペントバルビタール (200 mg/ml) を用いる。140 mg/kg 腹腔内投与。ハロセン、イソフルラン等吸入麻酔薬の高濃度吸入。
	スキウルス（リス）Sciurus	トウブハイイロリス (S. carolinensis) キタリス (S. vulgaris) ただし、次のものを除く。・エゾリス (S. vulgaris orientis)			
ネズミ科 Muridae	マスクラット Ondatra	マスクラット (O. zibethicus)	不動化後に安楽殺用薬剤を投与する。	ケタミン 20〜100 mg/kg＋ジアゼパム 2−8 mg/kg を筋注。	ペントバルビタール (200 mg/ml) を用いる。140 mg/kg 腹腔内投与。ハロセン、イソフルラン等吸入麻酔薬の高濃度吸入。

6 外来動物問題とその対策

科	属	特定外来生物	安楽殺処分への順序	不動化薬剤	安楽殺用薬剤
アライグマ Procyonidae	プロキュオン（アライグマ）Procyon	アライグマ (P. lotor)	不動化後に安楽殺用薬剤を投与する。	ケタミン10〜30 mg/kgを筋注。ケタミン10 mg/kg＋ジアゼパム0.5 mg/kg筋注。ケタミン2.5〜5 mg/kg＋メデトミジン0.025〜0.05 mg/kg筋注。	ペントバルビタール (200 mg/ml) を用いる。140 mg/kg静脈内または腹腔内投与。ハロセン、イソフルラン等吸入麻酔薬の高濃度吸入。
		カニクイアライグマ (P. cancrivorus)			
イタチ Mustelidae	イタチ Mustela	アメリカミンク (M. vison)	不動化後に安楽殺用薬剤を投与する。	ケタミン15 mg/kgを筋注。ケタミン15 mg/kg＋ジアゼパム0.1 mg/kg筋注。ケタミン5 mg/kg＋メデトミジン0.1 mg/kg筋注。	
マングース Herpestidae	エジプトマングース Herpestes	ジャワマングース (H. javanicus)	不動化後に安楽殺用薬剤を投与する。		
シカ Cervidae	アキシスジカ Axis	アキシスジカ属の全種	不動化後に安楽殺用薬剤を投与する。	ケタミン2.7〜18.7 mg/kg＋キシラジン0.5〜23 mg/kg筋注。ケタミン0.8〜3.2 mg/kg＋メデトミジン0.05〜0.1 mg/kg筋注。	ペントバルビタール (200 mg/ml) を用いる。140 mg/kg静脈内投与。ハロセン、イソフルラン等吸入麻酔薬の高濃度吸入。

科	属	特定外来生物	安楽殺処分への順序	不動化薬剤	安楽殺用薬剤
シカ Cervidae	シカ *Cervus*	シカ属の全種ただし、次のものを除く。 ・ホンシュウジカ (C. nippon centralis), ・ケラマジカ (C. nippon keramae), ・マゲシカ (C. nippon mageshimae), ・キュウシュウジカ (C. nippon nippon), ・ツシマジカ (C. nippon pulchellus), ・ヤクシカ (C. nippon yakushimae) ・エゾシカ (C. nippon yesoensis)	不動化後に安楽殺用薬剤を投与する。	ケタミン 2.7〜18.7 mg/kg＋キシラジン 0.5〜23 mg/kg 筋注. ケタミン 0.8〜3.2 mg/kg＋メデトミジン 0.05〜0.1 mg/kg 筋注.	ペントバルビタール (200 mg/ml) を用いる. 140 mg/kg 静脈内投与. ハロセン,イソフルラン等吸入麻酔薬の高濃度吸入.
	ダマシカ *Dama*	ダマシカ属の全種			
	シフゾウ *Elaphurus*	シフゾウ (E. davidianus)			
	ムンティアクス (ホエジカ) *Muntiacus*	キョン (M. reevesi)			

■ 鳥 類

科	属	特定外来生物	安楽殺処分への順序	不動化薬剤	安楽殺用薬剤
チメドリ Timaliidae	ガルルラクス (ガビチョウ) Garrulax	ガビチョウ (G. canorus)			ペントバルビタール (200 mg/ml) を用い 100 mg (0.5 ml) 腹腔内投与. ハロセン, イソフルラン等吸入麻酔薬の高濃度吸入.
		カオジロガビチョウ (G. sannio)	用手保定により安楽殺用薬剤を投与する	ー	
		カオグロガビチョウ (G. perspicillatus)			
	レイオトリクス (ソウシチョウ) Leiothrix	ソウシチョウ (L. lutea)			ペントバルビタール (200 mg/ml) を 50 mg (0.25 ml) 腹腔内投与. ハロセン, イソフルラン等吸入麻酔薬の高濃度吸入.

■ 爬虫類

科	属	特定外来生物	安楽殺処分への順序	不動化薬剤	安楽殺用薬剤
カミツキガメ Chelydridae	ケリュドラ（カミツキガメ） Chelydra	カミツキガメ (C. serpentina)	頭部を甲羅内に押し込めた状態に保ち、安楽殺用薬剤を投与する。	—	
タテガミトカゲ（イグアナ） Iguanidae (Polychrotidae)	アノリス（アノール） Anolis	グリーンアノール (A. carolinensis)	捕虫網などで捕獲後、首の付け根をしっかりつかんで保定し、安楽殺用薬剤を投与する。	—	
		ブラウンアノール (A. sagrei)			
ナミヘビ Colubridae	ボイガ（オオガシラ） Boiga	ミナミオオガシラ (B. irregularis)	把持器やスネークフックを用いて頸部をつかんで保定し、安楽殺用薬剤を投与する。	—	ペントバルビタール (200 mg/ml) を 70 mg (0.35 ml/kg) 静注または腹腔内投与。
	エラフェ（ナメラ） Elaphe	タイワンスジオ (E. taeniura friesi)			
クサリヘビ Viperidae	プロトボトロプス（ハブ） Protobothrops	タイワンハブ (P. mucrosquamatus)	把持器やスネークフックを用いて頸部をつかみ、ヘビの動きが見える王網や透明エンビ板で床に体を押さえつけて保定し、薬剤	—	

注：ここではもっとも推奨される方法について記載したが、密閉ケージに動物を収容し、二酸化炭素を注入する方法も選択肢の一つとして用いることができる。

4. 外来動物対策における獣医学および獣医師の使命

　新たな外来動物問題を生み出さないためにも，外来生物法をはじめとする関係法令を一層整備するとともに，実施体制の充実・強化について，今後もさらに検討を進める必要がある．

　外来動物対策は，家庭動物，産業動物，野生動物などあらゆる動物に関わり，また生態系への影響の問題にとどまらず，公衆衛生および家畜衛生の観点からも重要である．これらをすべて網羅する学問領域や職域として，獣医学および獣医師が果たす役割はきわめて大きいと考えられる．したがって，外来動物対策の実施体制においては，とくに行政における獣医師職員が主要な役割を果たすことが期待されている．実際，外来生物対策の主務は環境行政が担当しているものの，近年ではこの分野への獣医師の進出がめざましい．また，一次産業被害にかかる問題は，農林水産行政が担当することとされているため，獣医師職員の活躍が期待される分野となっている．

　さらに，外来動物対策で欠かすことのできない動物取り扱い業の規制や家庭動物の適正飼養等にかかる問題は，環境省が所管する動物愛護管理法で対応されているが，公衆衛生行政が実務を担当しているのが実情であり，一部の自治体では保健所や動物管理センター等の獣医師職員が活躍している．

　このように，外来動物対策の現場の多くは，獣医師職員が直接あるいは間接に関与している状況にあり，獣医師職員や獣医師会によって各施策の連携が図られれば，より効果的に対策が展開できるはずである．実際，大阪府では，アライグマ対策をきっかけとして，家庭動物，畜産動物，野生動物など動物行政を一元化する体制となった．

　しかし，残念ながら多くの地域では，実際に捕獲された動物や被害者等がたらいまわしにされるケースは枚挙にいとまがないのが実態である．獣医師職員および獣医師会は，このような状況を一刻も早く改善し，外来動物対策を主導的に行なってゆかなければ，動物の専門家としての信頼を失墜させる結果になりかねないと考える．

　このような状況を打開するには，関係法令の改正などにより，国および自

治体における関連分野の獣医師職員が連携して対策に当たる仕組みを整備することが求められる．一方で，獣医学教育を担っている関係大学や研究者，ならびに獣医師会は，外来動物対策が新たな獣医学の学問分野であり，かつ獣医師の職域であることを，積極的に社会へ表明してゆくべきであると考える．

引用文献

羽山伸一 2001. 野生動物問題. 地人書館，東京．1-250.

羽山伸一 2002. 飼育動物の管理．日本生態学会編，外来種ハンドブック．地人書館，東京．132-133.

羽山伸一 2003. 外来種対策のための動物福祉政策について，環境と公害 33：29-35.

羽山伸一 2005. 外来種対策元年．森林文化協会編，森林環境2005．築地書館，東京．164-170.

(社)日本獣医師会 2007. 日本獣医師会小動物臨床部会野生動物委員会報告，外来生物に対する対策の考え方．(社)日本獣医師会，東京．1-16.

The American Veterinary Medical Association (AVMA) 2001. 2000 Report of the AVMA Panel on Euthanasia, J. Amer. Vet. Med. Assoc. 218 (5)：669-696.（和訳：日本獣医師会雑誌 58巻5号-12号に連載）

第7章
外来魚とどう付き合うか

多紀 保彦・加納 光樹
(財) 自然環境研究センター

1. はじめに

　水産国日本では，養殖・放流などのため明治初期から外国産魚種の導入が試みられてきた (丸山ら，1987)．そのなかで戦前に自然水域に定着したものはソウギョやカムルチー (図7.1) など少数であったが，戦後になって養殖振興や釣り・観賞魚ブームの波にのって定着する魚種が増加した．さらに，1970年代から1980年代にかけてルアー釣りブームに伴うブラックバスやブルーギルの分布拡大と在来生態系や漁業への影響が表面化するに至って，無秩序な新魚種の導入を問題視する声が高まってきた．

　1992年，水産庁は「移入すれば問題になり得る主な外国産魚種に関する文献調査」を取りまとめた (全国内水面漁業協同組合連合会，1992a)．この年はリオデジャネイロで生物多様性条約が締結された年でもあり，わが国における外来種への意識変化を物語っている．1990年代後半から，ブラックバスの無秩序な放流と利用の是非をめぐり，釣り業界やバス釣り人，内水面漁業者，自然保護団体，学会，政治家，マスコミなどを巻き込んだ議論が紛糾し，「ブラックバス問題」という社会問題にまで発展した．これまでに発刊されたブラックバス問題についての著書は数十冊を数え，いまやブラックバスは日本の外来種問題の象徴的な存在となっている．2005年の「特定外来生物による生態系等に係る被害の防止に関する法律 (以下，外来生物法と記す)」の施行を経て，今日ではブラックバスの全国規模での計画的な防除 (駆除によ

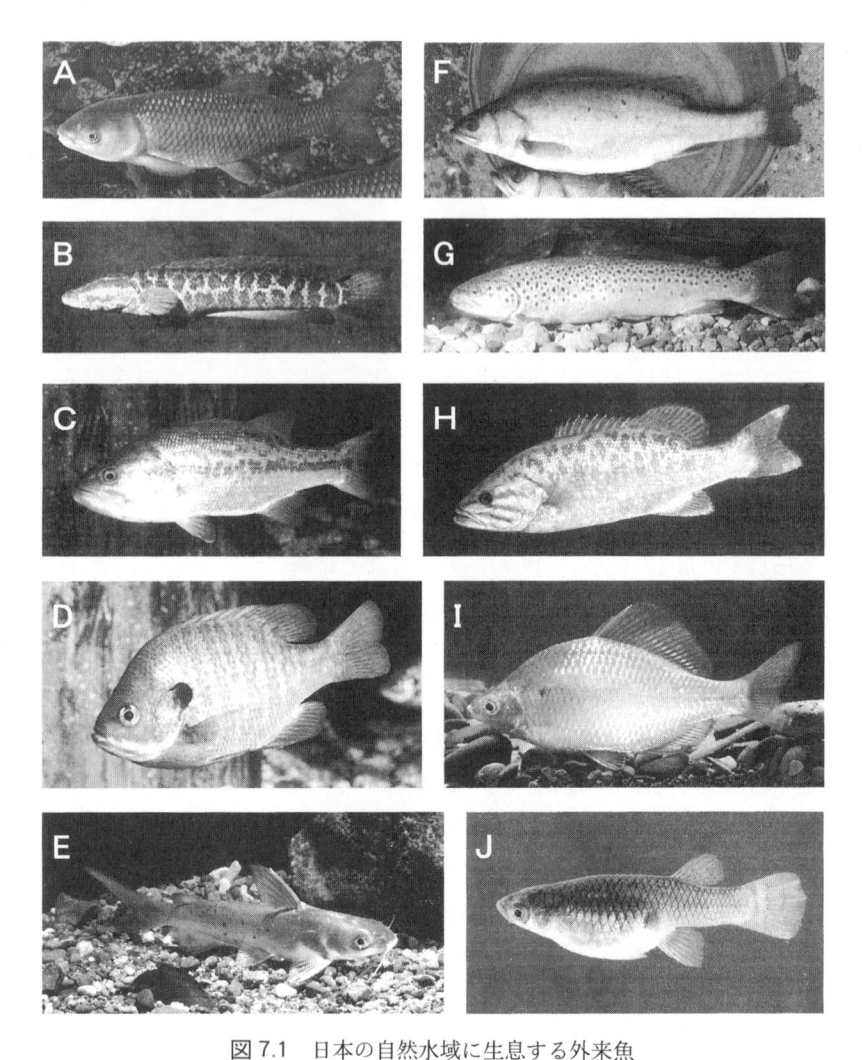

図 7.1　日本の自然水域に生息する外来魚
A. ソウギョ，B. カムルチー，C. オオクチバス，D. ブルーギル，E. チャネルキャットフィッシュ，F. タイリクスズキ，G. ブラウントラウト，H. コクチバス，I. オオタナゴ，J. カダヤシ

る被害の低減化や分布拡大防止措置など）が進められているが，依然として釣魚としても利用されているために，各地でのいざこざは絶えない．

現在，日本国内で定着が確認されている外来魚種は約40種である（中井，2002；細谷，2006）．これらのなかには，ブラックバスのように自然環境下で急増すると在来生態系や漁業などに影響を及ぼすおそれのある種も含まれている．本稿では，まず，ブラックバス問題の経緯について概観したうえで，外来魚の侵略性とは何かについて検討する．次いで，ブラックバスの事例を取り上げながら，外来魚のリスク管理の現状と課題について論議したい．最後に，わが国における外来魚の利用実態の諸問題を類型化し，生物多様性保全と漁業資源の持続的利用の観点から，これから私たちが外来魚とどのように付き合うかについて考えてみたい．

2．ブラックバス問題の経緯

ブラックバスとは，北アメリカ原産のスズキ目サンフィッシュ科オオクチバス属に含まれる魚類8種の総称である．これらの種のうち，日本にはオオクチバス *Micropterus salmoides*（亜種フロリダバス *M. salmoides floridanus* を含む）とコクチバス *M. dolomieu* が定着している．本稿ではこの両種を合わせて呼ぶ場合は，「ブラックバス」と記すことにする．

オオクチバスが日本に最初に導入されたのは1925年で，実業家の赤星鉄馬氏がアメリカから船で運んだ個体を神奈川県芦ノ湖に放流した（全国内水面漁業協同組合連合会，1992b）．その後，芦ノ湖に定着したオオクチバスはいくつかの湖に移殖されたが，当時の学者のなかには本種の導入を危険視する声もあり，大きく拡散することはなかった．しかし，1970年代以降，米国で流行した商業主義色の濃いバス釣りトーナメントやその経済的効果に魅了される日本人が増え，日本でもそのようなトーナメントが開催されてバス釣りが急激に人気を博していった．そして，それと同時並行してオオクチバスが急速に分布を拡大し，1980年代には45都府県で生息が確認されるに至った（全国内水面漁業協同組合連合会，1992b）．また，コクチバスは1991年に長野県野尻湖で発見されてから，急速に各地へと分布を拡大していった．この

ような分布拡大の様相といくつもの状況証拠（北川ら，2005；日本魚類学会自然保護委員会外来魚問題検討部会，2005；淀ら，2005；Yokogawa et al., 2005）から，ブラックバスはおもにバス釣り愛好者による放流によって，日本各地の河川・湖沼に拡がったと考えられている．同じくサンフィッシュ科のブルーギルも，ブラックバスと同じような時期に急速に分布を拡大していった．

　ブラックバスやブルーギルが日本各地に広く定着できたのは，両者が少数個体の放流であってもさまざまな水域に定着し爆発的に増殖しうる次のような生物学的特性をもっていたからである（日本魚類学会自然保護委員会，2002；環境省編，2004）（図7.2）：① 北アメリカ原産の温帯性淡水魚であり，天然湖沼，ため池，ダム湖，河川などの止水・流水いずれの環境にも適応しうる；② 成魚はおもに魚類・甲殻類・水生昆虫などを捕食するが，生息環境に応じて柔軟に食性を変化させる；③ 産卵数はふつう1万粒以上で，外敵に狙われやすい卵や仔魚を雄親が保護する習性がある；④ 稚魚は水温や餌などの条件がよければ約2年という短期間で成熟する．

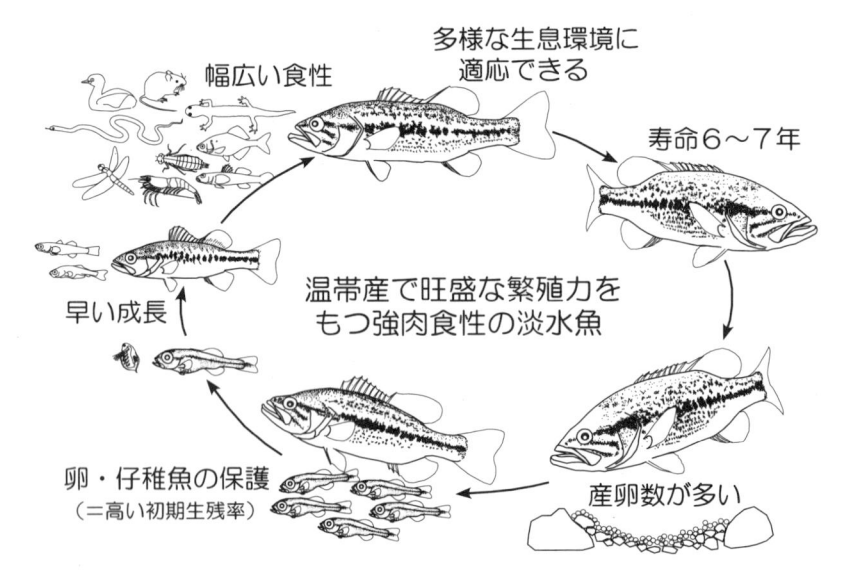

図7.2　オオクチバスの生物学的特性［半沢・加納（2007）を一部改変］

このような特性をもつブラックバスやブルーギルが定着し急増すると，もともと強肉食性魚種の少ない日本列島の脆弱な在来淡水魚類群集は抵抗するすべがなく，地域によっては壊滅的な影響を受けた（中井，1999；日本魚類学会自然保護委員会，2002；環境省編，2004；淀ら，2005；細谷・高橋編，2006）（図7.3）．たとえば，秋田県のため池ではオオクチバスが個体数や重量で最も優占する魚種となり，何種類もの在来魚種の生息が確認できなくなっている（杉山，2005）．宮城県伊豆沼・内沼では，オオクチバスの侵入・定

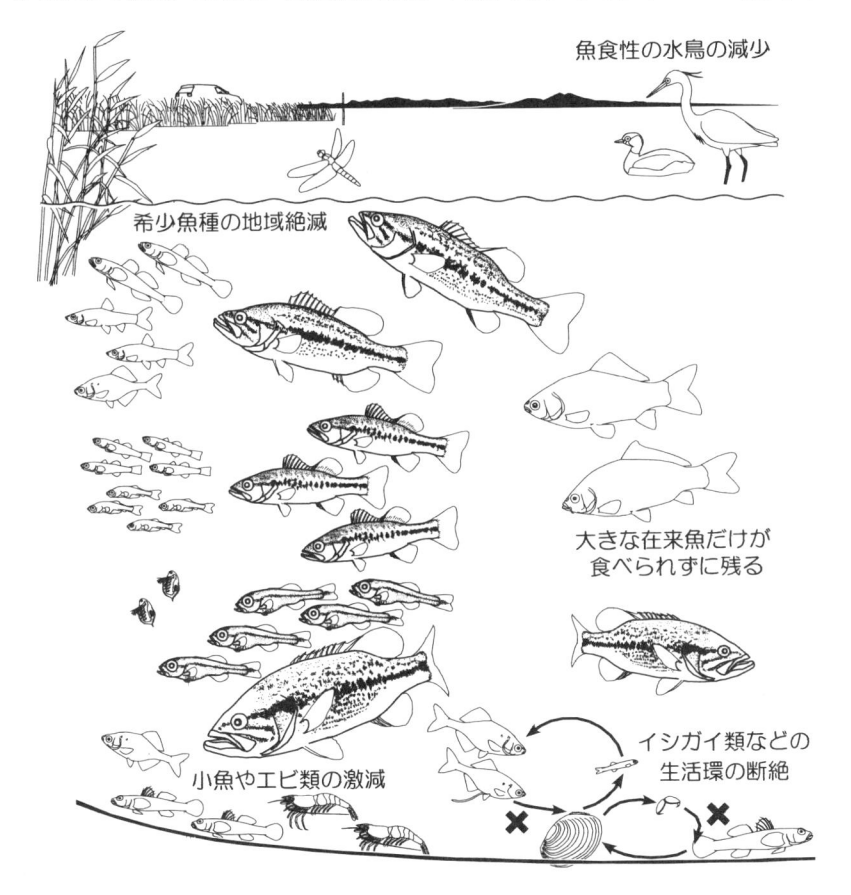

図7.3　オオクチバスによる在来生物群集への影響［半沢・加納（2007）を一部改変］

着後にメダカやジュズカケハゼが急減し，年間トン単位で漁獲されるほど豊富だったゼニタナゴはほぼ絶滅した（高橋，2006）．いくつかの魚種では，小型個体が食べられて大型個体ばかりが残るなど，魚類群集構造の変化も起きている．宮城県鹿島台のため池では，オオクチバスの侵入後に絶滅危惧種のシナイモツゴがみられなくなった．滋賀県の琵琶湖や京都府の深泥池，埼玉県比企丘陵のため池，東京都の皇居外苑濠，長崎県の川原大池などでは，オオクチバスとブルーギルの両方が定着していちじるしく増加し，在来魚の種数や個体数が激減している（環境省編，2004）．さらに，最近では，オオクチバスが生息しにくい寒冷な地域や流れの速い河川などにコクチバスが侵入し，アユや渓流魚などへ被害をもたらす事例も確認されている．

　ブラックバスの強い捕食圧による影響は，魚類だけでなく，エビ類や陸生・水生昆虫などにも及んでいる（環境省編，2004）（図7.3）．捕食により小魚が激減した湖沼では，小魚を餌にしているコサギやカイツブリ，ミコアイサなどの水鳥の生息数が減ってしまうこともある（嶋田，2006）．また，幼生時をハゼ類やドジョウなどの小魚のヒレや体表に寄生して過ごすイシガイ科二枚貝の生活環が断絶され，さらにその影響が二枚貝を産卵場所とするタナゴ類に及んでいるおそれもある（進東，2006）．

　ブラックバスやブルーギルは，河川や湖沼で漁業を営む人たちの生活にも深刻な影響を及ぼしている（全国内水面漁業協同組合連合会，1992b；中井，1999；環境省編，2004）．全国各地で放流しているアユやワカサギなどが食べられてしまったり，これらの外来魚が網で獲れ過ぎて操業に支障をきたすなどの漁業被害が報告されている．山梨県の河口湖漁協では，漁業と遊漁の収入源だったワカサギが壊滅し，やむなくバス釣り人から遊漁料をとれるよう，ブラックバスを第五種共同漁業権の対象魚種としている．同じように，神奈川県芦ノ湖，山梨県山中湖と西湖でもブラックバスが漁業権対象種となっている．

　1990年代から2000年代にかけて，内水面漁業で生計を立てる漁業者の悲痛な叫びから，ほとんどの地方自治体で漁業調整規則が改正されてブラックバスの移殖が禁止されるとともに駆除活動が活発化し，さらに，漁場管理委

員会の指示によりブラックバスの再放流（リリース）を罰則付きで禁止する県が増えてきた（環境省編，2004）．生物多様性保全のために活動している自然保護団体や関連学会などもブラックバスによる被害の実態を公表し，ブラックバスを拡散させてしまうバス釣りへの批判が急速に高まってきた．一方で，財団法人日本釣振興会（2004）によれば，2004年の時点で日本のバス釣り人口は300万人，バス釣り産業は1千億円市場であり，ブラックバスの継続利用を訴える声は依然として大きかった．こういった状況下で，ブラックバス釣り反対派と賛成派の大物政治家や芸能人が新聞やテレビでも論戦を繰り広げ，2004年の外来生物法の制定時には，連日のように新聞各紙が一面でその内容を掲載する事態になった．ひとつの魚類の利用の是非をめぐって，これほどの国民的な議論が起きたのは，ブラックバスがはじめてのことである．

2005年の外来生物法の施行時にブラックバスが「特定外来生物」に指定されたことは，ブラックバス問題にとっても大きな転機となった．この新しい法律によって，この魚の「防除」は国および国民が責任をもって取り組むべき課題として位置づけられ，いま，生物多様性保全や水産資源保護のために，全国規模で市民によるブラックバスの防除がはじまっている（全国ブラックバス防除市民ネットワーク編，2007）．

なお，ブラックバス問題の経緯と背景については中井（1999），日本魚類学会自然保護委員会編（2002），環境省編（2004），淀・井口（2004），細谷・高橋編（2006），半沢・加納（2007）などに，また，特定外来生物への指定をめぐる当時の情勢については瀬能（2006）や中井（2006）に詳述されている．

3．外来魚がもつ侵略性

マスコミ報道などで「外来魚」というととかく悪いイメージが先行しがちだが，ブラックバスのように人が管理しにくく拡散した場合に生物多様性に影響を及ぼす「侵略的外来魚」がある一方で，食用やリクリエーションなど人の生活に役立ち，適切に管理すれば継続的に利用できるものも少なくない．

それぞれの外来魚がもつ「侵略性」をどのような基準で示すかについては十分な議論がされていないが，侵略性の概念を最も単純な式で表すと次のようになる．

「侵略性」＝
「侵略的な生物学的特性」(生息環境特性，食性，繁殖力，etc)
×「導入機会＊の多さ」(釣魚の放流，観賞魚の遺棄，種苗への混入，etc)
＊「導入」には人が積極的に導き入れるというニュアンスがあるが，外来生物の研究者の間ではこの語を「人為によって直接的・間接的に自然分布域外に移動させること」と定義し，人が意図せずに導き入れるときにも用いることが多くなってきている．

ここでいう「侵略性」は，外来魚がもつ「侵略的な生物学的特性」や人による自然環境下の水域への「導入機会の多さ」だけではなく，外来魚が導入される地域の生態系特性や社会経済的状況によって変化する．

具体的にオオクチバスについて考えてみよう．本種は温帯産で旺盛な繁殖力をもつ強肉食性の淡水魚であることから，わが国においては侵略的な生物学的特性≒∞であり，この値は時代とともに大きく変化することはない．一方，導入機会の多さは，時代とともに大きく変化してきた．初導入(1925年)の直後は限定された水域で人の管理下にあったが(導入機会の多さ≒0)，1970年代以降に各地での無秩序な放流(導入機会の多さ≒∞)により管理不能となり，生態系等への被害が深刻化した．オオクチバスについては，侵略的な生物学的特性≒∞であるにしても，導入直後のような管理(導入機会の多さ≒0)を続けていれば，それらが掛け合わされて侵略性≒0となり，今日のように害魚とみなされることはなかったかもしれない．外来魚を有効利用するためのリスク管理においては，この侵略性を下げるために「侵略的な生物学的特性」の大きさを把握しつつ「導入機会の多さ」をいかに下げるかということが重要になってくる．

諸外国では，新たな外来魚の導入の可否を決める際に，対象種の生物学的

特性の情報を収集し，それらが国土に定着して在来生物にどのような影響を及ぼすかについてのリスク評価が行われてきた（Townsend and Winterbourn, 1992 ; Nico and Williams, 1996 ; Pearsons and Hopley, 1999 ; Courtenay and Williams, 2004 ; Winfield and Durie, 2004）．さらに，ニュージーランドでは，国土に生息している侵略的外来魚のリスクを総合的に評価するために，生物学的特性だけでなく，利用実態や導入機会の多さなども加味した解析が試みられている（Chadderton *et al.*, 2003）．日本でも，特定外来生物の選定を行う専門家会合でそのような議論が行われており，どのような基準で外来魚の侵略性の高さを測るのかについての考え方の整理も徐々に進みつつある．

4．外来魚のリスク管理の現状と課題

前項に記したように，侵略的な生物学的特性をもつ外来魚を管理するためには，自然水域への導入機会の多さを徹底してゼロにすることが望ましい．いったん導入し定着した外来魚を根絶するには膨大な労力と費用が必要であり，新たな外来魚を水際で阻むほうが簡単で確実だからである．そのため，新たな外来魚の導入にあたっては，在来生態系や漁業資源などへのリスクを科学的に評価し，侵略性が高いと判断したものについては法令や条例などで「導入規制」をすることが望ましい．一方，すでに自然水域に導入されている侵略的外来魚については，地域の実状に応じて必要なときに「防除（駆除による被害の低減化や分布拡大防止措置など）」が実施される．そして，このような導入規制や防除の効果を上げるために，「教育普及活動」が行われる．

（1）導入規制

温帯域に位置するという点で日本に気候条件が類似し，かつ，比較的体系だった法令を有するアメリカ，カナダ，イギリス，ニュージーランドの4カ国と隣国の韓国で輸入が禁止されている外来魚は合計14目25科89属の1100種以上に及ぶ（加納ら，2006）．これらの種のうち，本来の分布域とは異なる地域の自然水域に導入されて定着し在来生物に被害をもたらしている侵略的

外来魚は約60種（Lever, 1996；Fuller et al., 1999）である．残りの大半は，そのような地域の自然水域での導入や定着が確認されている種や，侵略的外来魚と近縁の分類群で生物学的特性が類似しているために導入すれば在来生物に被害をもたらすおそれのある種であり，予防的見地から属や科レベルで輸入が禁じられているものである．

　わが国で外来生物法に基づいて特定外来生物に指定されている魚類は，温帯産の魚食性淡水魚12種（オオクチバス，コクチバス，ブルーギル，ストライプバス，ホワイトバス，ケツギョ，コウライケツギョ，パイクパーチ，ヨーロピアンパーチ，ノーザンパイク，マスキーパイク，チャネルキャットフィッシュ）と，在来メダカを駆逐しつつある北アメリカ原産のカダヤシの計13種である（表7.1）．前者の魚食性淡水魚12種のうち，オオクチバス，コクチバス，ブルーギル，チャネルキャットフィッシュを除く8種は，わが国の自然水域にはまだ導入されていないが，魚類学や水産学などの専門家によるリスク評価の結果，日本各地に導入すれば定着し在来生態系などに甚大な被害をもたらしうると判断され，指定されたものである．これら13種については，外来生物法に基づいて飼養，保管，運搬，譲渡，輸入，販売，野外に放つなどの行為は規制されており，管理できない自然水域への導入は完全に禁止されている．この法律に違反して許可なく飼養したり，野外に放ったりすると，最高で懲役3年，罰金300万円（個人）もしくは1億円（法人）の罰が科されることもある．なお，外来生物法の詳細については，環境省自然環境局のホームページ（http://www.env.go.jp/nature/intro）を参照されたい．

　特定外来生物に指定される魚種は今後増加する可能性がある．ただし，特定外来生物に指定すると，輸入だけでなく飼養，運搬などにも規制がかかるため，グッピーのように全国的に多数の飼養者がいる一方で被害のおそれが琉球列島などの狭い地域に限定される魚種の指定については，慎重な検討の要がある（加納ら，2006）．抜本的な解決のためには，全国一律ではなく地域に合わせた規制を可能とする法整備の検討も必要と考えられる．なお，滋賀県や佐賀県，石川県などの地方自治体では条例によって一部の外来魚の導入規制を行っており，そのような動きはすでに進みつつある．

表 7.1 外来生物法に基づいて特定外来生物に指定されている魚類

和名・流通名	学 名	原産地	定着地*	指定前の主な利用
アメリカナマズ科				
チャネルキャットフィッシュ	*Ictalurus punctatus*	北米	利根川水系	養殖，釣り
カワカマス科				
ノーザンパイク	*Esox lucius*	北米，欧州，アジア北部	―	一部で観賞用
マスキーパイク	*Esox masquinongy*	北米	―	一部で観賞用
カダヤシ科				
カダヤシ	*Gambusia affinis*	北米，中米	福島県〜沖縄県	蚊の防除
ケツギョ科				
ケツギョ	*Siniperca chuatsi*	東アジア	―	一部で観賞用
コウライケツギョ	*Siniperca scherzeri*	東アジア	―	一部で観賞用
モロネ科（狭義）				
ホワイトバス	*Morone chrysops*	北米	△	交雑種を釣りで利用
ストライプトバス	*Morone saxatilis*	北米	△	交雑種を釣りで利用
サンフィッシュ科				
ブルーギル	*Lepomis macrochirus*	北米	全国各地	釣り
オオクチバス	*Micropterus salmoides*	北米	全国各地	釣り
コクチバス	*Micropterus dolomieu*	北米	近畿〜東北地方	釣り
ペルカ科				
ヨーロピアンパーチ	*Perca fluviatilis*	欧州	―	一部で観賞用
パイクパーチ	*Sander lucioperca*	欧州，西アジア	―	一部で観賞用

*定着地：―，国内の自然水域での生息は未確認；△，東京湾や霞ヶ浦で交雑種サンシャインバスの生息を確認

158

（2）防　除

前述のように，拡散してしまった外来魚の防除には，多大な資金，労力，時間がかかるため，侵入初期に発見し根絶することが最も望ましい対応である．他方，すでに国土の広範囲に定着している外来魚については，防除の実際的効果をあげるために，生物多様性保全・水産資源保護の観点から重要な水域，拡散源となりうる水域などについて優先順位をつけ，計画的に防除を進める現実的な対処が必要である．

ブラックバスとブルーギルは日本各地の河川，天然湖沼，ダム湖，ため池などに広く定着しており，同一水系内にそういったさまざまな水域がある場合には，それぞれを管理する主体が相互に連携して防除を実施することになる（図7.4）．現時点で，水産庁は効果的な駆除手法の開発に積極的に取り組みながら駆除マニュアルを作成し（農林水産技術会議事務局，2003；全国内水面漁業協同組合連合会，2007；近藤，2007），漁業被害を低減する観点で，漁業協同組合などと協力しながら各地で駆除を実施しており，国土交通省は河川やダム湖でのモニタリングに力を入れて，また，環境省は生物多様性保

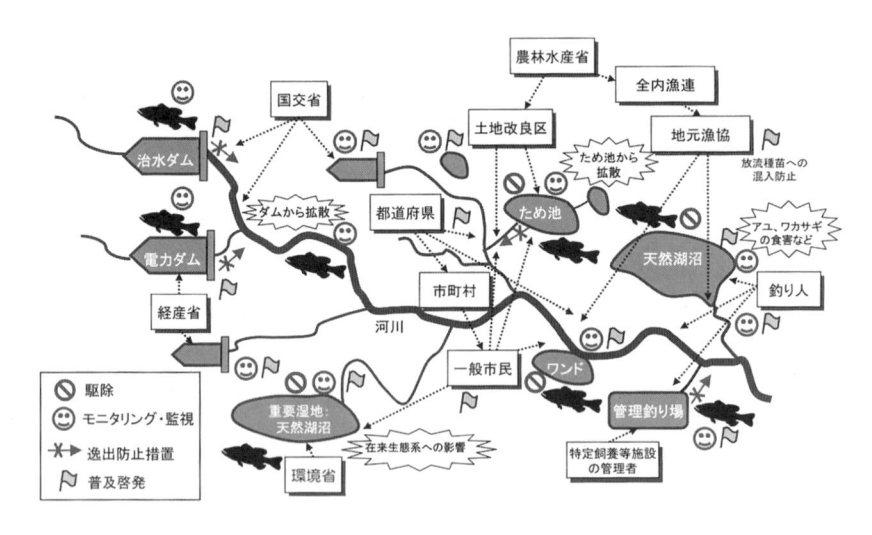

図7.4　同一水系におけるブラックバス防除を取り巻く関係者の概念図

全の上で重要な6水域においてブラックバスとブルーギルの防除事業を実施している（田中，2007）．このほか，国，都道府県，地元漁協，市民団体などが協力しながら全国の300以上の水域においても防除が行われており（環境省編，2004；全国ブラックバス防除市民ネットワーク編，2007），市民レベルで先駆的な取り組みが次々と実践されている（杉山，2005；細谷・高橋編，2006）．

　このようにさまざまな主体が防除に取り組んでいるが，全国的な視野でみると，今のところ，だれがいつどこで，どのような防除活動を行なうべきなのかは明確になっていないのが実状である（半沢・加納，2007）．防除を実施したあとのモニタリングがあまり行われていないので，在来生態系の回復や漁業資源の復活などの防除効果が確認できている水域は，まだそれほど多くないという現実もある．各地で防除活動が盛んになる一方で，ブラックバス釣りそのものは外来生物法の規制を受けないために，防除対象水域でブラックバス釣りと再放流（リリース）が行われていることもあり，それがもとでの防除関係者とバス釣り人とのトラブルが後を絶たない．新たなブラックバスの生息地は今なお増加中であり，流域づたいの拡散を防止する方法や違法放流を抑止しうる監視システムの開発が待たれている．こういった状況から，ブラックバス問題への本格的な対策は，外来生物法という枠組みのもとで，いま，本当のスタートラインに立っている．

　わが国において，ブラックバスとブルーギルの防除をよりよい方向に変えていくためには，外来生物法の執行体制の確保や防除技術の開発に努めながら，次のような手順で水系レベルでの防除を実行することが望まれる．

① 防除の優先順位の高い水域を含む水系を選定する．
② 水系を堰などの物理的障壁により複数の水域に区分する．
③ 水域ごとに防除目標（完全排除による被害の解消，駆除による被害の低減，侵入または分布拡大の防止，etc）を設定する．
④ 目標に応じた効果的な防除手法（駆除手法，違法放流監視や逸出防止を含む分布拡大防止策，モニタリング手法，普及啓発策，etc）を選定する．
⑤ 関係省庁，自治体，土地改良区，漁業者，市民団体，研究者などの関係

者及び関連事業との連携方法を検討する．
⑥ 防除実施計画を策定する．
⑦ 防除を実行する．
⑧ モニタリングによる防除効果の検証と計画の見直しを行う．

（3）教育普及活動

　外来種問題はあくまで人間が引き起こす問題であり，導入規制や防除の実際的効果を高めるうえで，人びとへの教育普及活動に労力や費用を投入することも大切である．たとえば，先進的な外来種対策を講じているニュージーランドなどでは，外来種対策費の大半を教育普及活動に用いている．

　一般の人びとにとって水中は別次元の世界であり，哺乳類を識別するように魚を見分けることのできる人は少ない．このような条件下で外来魚管理・防除を目指して意識開発を図るための手段としては，水辺で魚と触れる可能性の高い子供たちへの教育，地域の環境保全のなかでの人びとへの啓発，漁業者への情報提供，税関等への資料提供などが有効である．そしてここでは，識別マニュアルの作成・提供が有力なサポートとなる．また，諸外国では公開の場で防除計画を策定・修正・実行し，それを人びとにデモンストレートすることが有効な普及啓発策とされており（Department of Conservation, eds., 2003），現在，日本のいくつかの水域でもそういった活動がはじまっている．

　なお，アジア諸国では公然とブラックバスの放流が行われており，今後，日本と同様な被害に発展する可能性も想定される．そのような被害を未然に防ぐためにも，早急に日本からの情報発信を行い，アジアレベルで対策を講じることも考えるべきであろう．現在，アジアには外来生物について体系だった対策を講じている国は少なく，日本はアジアの外来生物対策をリードする立場にある．

5．外来魚とどう付き合うか

　日本にはおよそ5,000種類を超える外国産魚類が生きたまま輸入され，観賞用，養殖用，釣り用，生餌，食材などとして利用されてきている（丸山ら，1987；福井，2006）．これらのうち自然水域に逸出し定着しているものは100分の1ほどに過ぎない．ただし，自然水域に逸出すれば新たな外来魚問題の発生につながる可能性のある種が，そういった面についてあまり考慮されずに利用されているケースも少なくない．

　外来魚問題をこれ以上深刻化させないためには，外来生物法や条例などによって規制はされていない種類でも，自然水域への外国産新魚種の導入は控えるべきである．いま利用している外来魚については，個別に適切な利用の方法を考究することが望まれる．環境省が発表した要注意外来生物リスト（外来生物法の規制対象になっていないが，生態系などに影響を及ぼすおそれがあり，取扱に注意が必要な種のリスト）に含まれている魚種とそれらの利用時の注意事項などを表7.2に示した．以下では，外来魚の利用実態における諸問題とそれらの解決に向けて留意すべき事項について記す．

（1）観賞魚の遺棄

　日本で観賞魚を販売しているペットショップは全国で約5,300店と推計され，海外の40カ国以上から4000〜5000種類の観賞魚が輸入されている（福井，2006）．最近では，安価で大量に外国産の観賞魚が販売されているが，大型化するものや寿命が長いもの，容易に繁殖するものが天然湖沼や河川，公園の池，濠などに遺棄されて野生化する事例が増えている．たとえば，沖縄島ではグッピーやマダラロリカリア（プレコストムス），パールダニオなど約20種の熱帯魚が定着しており（立原ら，2002），本州でもアリゲーターガー，ヨーロッパナマズなどの大型魚の発見が後を絶たない．このような事態を改善するためには，最後まで責任をもって飼育するように，一般飼養者への普及啓発を徹底する必要がある．日本観賞魚振興会などはすでにそのような取り組みをはじめており，一部の優良店では飼養者が飼いきれなくなっ

表7.2 環境省の要注意外来生物リストに含まれる魚類

和名・流通名	学名	原産地	定着地[1]	被害の実態・おそれ[2]	国内での利用状況	留意点[3]	備考[4]
コイ科							
オオタナゴ	Acheilognathus macropterus	東アジア	利根川水系	b	釣り, 観賞	A, D, F	8
ソウギョ	Ctenopharyngodon idellus	東アジア	利根川水系	d	水草除去, 釣り, 観賞	A, B, F	1
アオウオ	Mylopharyngodon piceus	東アジア	利根川水系	a	釣り	F	1
タイリクバラタナゴ	Rhodeus ocellatus ocellatus	東アジア	全国各地	b, c	釣り, 観賞, 生餌, 食用	A, D, F	5, 6
ドジョウ科							
カラドジョウ	Paramisgurnus dabryanus	東アジア, 東南アジア	東北～近畿地方	b, c	食用, 生餌	C, F	
ヒレナマズ科							
ウォーキングキャットフィッシュ	Clarias batrachus	東南アジア, インド	沖縄島	a, b	観賞	A, F	2
ナマズ科							
ヨーロッパナマズ	Silurus glanis	ヨーロッパ～アジア	遺棄事例はあるが, 定着は未確認	a, b	観賞	A, F	
ロリカリア科							
マダラロリカリア	Liposarcus disjunctivus	アマゾン川水系	沖縄島	b	観賞	A, F	2, 8
サケ科							
ニジマス	Oncorhynchus mykiss	北米, カムチャツカ半島	本州の一部と北海道	a, b	養殖, 食用, 釣り	E, F	3
ブラウントラウト	Salmo trutta	欧州, 西アジア	本州中部以北	a, b	養殖, 釣り	E, F	8
カワマス	Salvelinus fontinalis	北米	本州中部以北	a, b, c	養殖, 釣り	E, F	
カダヤシ科							
グッピー	Poecilia reticulata	南米, 中米	琉球列島等や温泉地	b	観賞	A, F	2, 5
タイワンドジョウ科							
カムルチー	Channa argus	東アジア	琉球列島を除く全国各地	a, b	釣り	F	7
コウタイ	Channa asiatica	東アジア	石垣島, 大阪府	a, b	観賞	A, F	
タイワンドジョウ	Channa maculata	東アジア, 東南アジア	近畿地方, 琉球列島	a, b	釣り	F	

7 外来魚とどう付き合うか　163

和名・流通名	学名	原産地	定着地[1]	被害の実態・おそれ[2]	国内での利用状況	留意点[3]	備考[4]
アカメ科 ナイルパーチ	Lates niloticus	アフリカ	−	a, b	観賞, 食用	A	2
スズキ科 タイリクスズキ	Lateolabrax sp.	中国大陸沿岸	南日本沿岸に生息するが, 定着は未確認	a, b	養殖, 食用	E, F	
ペルキクティス科 マーレーコッド ゴールデンパーチ	Maccullochella peelii Macquaria ambigua	豪州 豪州	− −	a, b a, b	観賞 観賞	A A	4 4
カワスズメ科 ナイルティラピア カワスズメ	Oreochromis niloticus Oreochromis mossambicus	アフリカ アフリカ	琉球列島等や温泉地 琉球列島等や温泉地	b, d b, d	養殖, 食用 養殖, 食用	E, F E, F	2 2

1) 定着地：−，野外での生息は未確認
2) 被害の実態・おそれ：a，捕食；b，競合；c，交雑・駆逐；d，植生破壊などによる生息環境改変
3) 留意点：
A，観賞利用するなら終生飼育し，野外に生きたまま放流することは厳に慎むべき.
B，過剰放流により在来植物群落が壊滅する例があり，放流場所や放流量の検討など適切な管理方法を模索すべき.
C，食用活魚や観賞用肉食魚の餌魚として利用される大陸産ドジョウに混入しており，それらを生きたまま野外に放流しないようにすべき.
D，他種の種苗に混入している可能性があり，混入量を減らすためのシステムを確立すべき.
E，適切な逸出防止措置を備えた養殖場または管理釣り場で飼養すべき.
F，自然水域で捕獲した個体を，人為的に管理できない他水域に放流すべきではない.
4) 備考：
1．繁殖し定着可能な水域が広大な下流域を有する利根川水系等に限定される.
2．繁殖し定着可能な水域が琉球列島等や温泉地などに限定される.
3．全国各地に導入されているが，北海道では広く定着しているのに対し関東以南での定着例は少ないなど地域によって実状が異なる.
4．原産地でも生息地や生息数が減っており，学術的な目的等を除いて輸入を慎むべきとの指摘がある.
5．観賞魚としての飼養があり，直ちに規制を行うならう大量に遺棄を生じ，かえって被害が増大するおそれがある.
6．形態的特徴のみで絶滅危惧種のニッポンバラタナゴとの識別が難しく，駆除の実施が困難である.
7．一時的に急増したが，現在は生息数が減少し目立った被害は確認されていない.
8．1990年代以降に生息地や生息数の急増が確認されている.

た個体を店側が買い取るシステムの導入を試みるなど，徐々に良い方向に向かいつつある．

（2）養殖施設からの逸出

養殖用輸入種苗の受け入れ先の逸失防止措置が不十分な場合に，自然水域に逸出した個体が在来生態系や漁業資源に悪影響を及ぼすおそれがある．そのような例としては，チャネルキャットフィッシュ，タイリクスズキなどが挙げられる（横川，1999；波戸岡，2002）．養殖施設には適切な逸出防止措置を整えることが望まれる．養殖施設に種苗を導入する際の考え方については，全国かん水養魚協会の「種苗導入の遺伝学的・生態学的リスクの識別および管理についての指針」（谷口，2007）に詳述されている．

（3）放流用種苗への混入

全国各地で放流されている琵琶湖産のアユ種苗などへの混入により，タイリクバラタナゴやオイカワなど外国産・日本産を問わずさまざまな魚種が分布を拡げており（川合ら，1980），混入量を減らすためのシステムを確立することが望ましい．アユやサケ科魚類などでは，地域固有の遺伝的特性をもつ種苗を生産し放流する活動がはじまっているが，そのような活動がさらに広まれば混入の問題は解決しうる．2000年頃から霞ヶ浦で急増したオオタナゴについては，大陸産の淡水真珠養殖用ヒレイケチョウガイへの卵・仔魚の混入により導入されたとの説もあり（地球・人間フォーラム，2007），淡水産二枚貝に産卵する習性をもつ魚種の分布拡大防止については貝類種苗の移動にも注意を払うことが望まれる．

（4）食用活魚や生餌への混入

食用活魚として，中国大陸から輸入されるドジョウにはカラドジョウが混入している．この大陸産ドジョウ類は，アロワナなどの観賞用肉食魚の生餌としても流通している．現在，カラドジョウの生息は日本各地で確認されているが，これには食用活魚や生餌の遺棄が関わっていると考えられている．

カラドジョウについては在来のドジョウと餌資源や生息場所をめぐって競争している可能性もあり（加納ら，2007），早急な現況把握調査が望まれる．このほかにも，釣り餌用のエビにも複数の外来魚種が混入していることが明らかとなっている（平嶋，2006）．こういった食用活魚や生餌については，混入量を減らすというよりは，生きたまま野外に放たないように利用関係者への普及啓発を徹底する必要があろう．

（5）遊漁のための放流

ブラウントラウトやニジマスなどの外来マス類の遊漁は自然水域への導入が前提であり，気候的に容易に定着しうる北海道などでは，漁業権区域からの分散や違法放流も加わって，定着や分布拡大のリスクが高い（鷹見・青山，1999；Kitano, 2004）．適切な逸出防止措置を備えた管理釣り場での外来魚の利用は容認できるが，自然河川を区切った場所などへの外来魚の放流については地域の実状に応じて慎重に判断すべきである．違法放流による問題を引き起こすのは一部の無責任な釣り人との声もあり，抜本的な解決のためには，欧米のように日本でも遊漁免許制度を導入すべきとの見解もある．なお，わが国における遊漁の実態については，日本水産学会水産増殖懇話会編（2005）に詳しい．

（6）他の生物を除去するための放流

蚊の除去のために放流されたカダヤシは，絶滅危惧種のメダカを駆逐しつつあり，特定外来生物に指定された．蚊の防除については代替魚種の検討が必要かもしれない．除草のために放流されているソウギョについては，本種が自然繁殖できる大河川は日本では利根川などに限られており，適正な放流量や利用法の調査研究が進めば，閉鎖的な人工水域に限り今後とも利用できる可能性がある．ただし，過剰に放流すれば在来植物群落を壊滅させ，そこを繁殖場所や隠れ家，餌場として利用する水鳥，魚類，甲殻類，昆虫などに甚大な影響を与えるため（Lever, 1996；立川，2002），希少な動植物種の生息・生育地への放流は控えるべきである．都市近郊の富栄養な池ではソウギ

ョの放流で水草除去に成功しても，代わりに植物プランクトンが大増殖して水質悪化が生じることが多いので，放流前に水辺植生と水質の管理目標を設定することが先決である．

(7) 環境教育のための放流

日本のメダカは遺伝的に異なる複数の地域集団からなるが，そういった集団の違いを考慮せずに環境教育活動の一環として各地でメダカが放流されており，いくつかの地域では本来であれば分布しない集団の遺伝子型と考えられる個体もみつかっている（竹花・酒泉，2005）．適切な環境教育をするためには，在来生態系保全の目的に見合った種苗を用いるべきである．希少淡水魚の放流と保全活動については，日本魚類学会の「生物多様性の保全をめざした魚類の放流ガイドライン」（日本魚類学会，2005）に詳述されている．

引用文献

Chadderton, W. L., N. Grainger and T. Dean 2003. Appendix 1 - Prioritising control of invasive freshwater fish. In Department of Conservation eds., Managing invasive freshwater fish in New Zealand, Proceedings of a workshop hosted by Department of Conservation, 10-12 May 2001, Hamilton. 171-174.

地球・人間フォーラム 2007. 生物多様性保全のための霞ヶ浦における新規外来魚防除対策事業報告書－オオタナゴの基本的形質と生態特性に関する研究. 1-35.

Courtenay, W. R., Jr. and J. D. Williams 2004. Snakeheads (Pisces, Channidae): A biological synopsis and risk assessment. U. S. Geological Survey Circular 1251. 1-143.

Department of Conservation eds. 2003. Managing invasive freshwater fish in New Zealand. Proceedings of a workshop hosted by Department of Conservation, 10-12 May 2001, Hamilton. 1-174.

福井 晋 2006. 最新ペット業界の動向とカラクリがよ～くわかる本. 秀和システム, 東京. 1-207.

Fuller, P. L., L. G. Nico and J. D. Williams 1999. Nonindigenous fishes introduced into inland waters of the United States. American Fisheries Society, Bethesda, Maryland. 1-613.

半沢裕子・加納光樹 2007. ブラックバス問題とは何か. 全国ブラックバス防除市民ネットワーク編, STOP！ブラックバス 市民によるブラックバス防除活動, 全国ブラックバス防除市民ネットワーク, 東京. 7-15.

波戸岡清峰 2002. タイリクスズキ 種苗として侵入した外来海水魚. 日本生態学会編, 村上興正・鷲谷いづみ監, 外来種ハンドブック, 地人書館, 東京. 116.

平嶋健太郎 2006. 釣り餌用生きエビに混入する外来魚, 南紀生物 48：1-5.

細谷和海 2006. ブラックバスはなぜ悪いか. 細谷和海・高橋清孝編, ブラックバスを退治する－シナイモツゴ郷の会からのメッセージ, 恒星社厚生閣, 東京. 3-12.

細谷和海・高橋清孝編 2006. ブラックバスを退治する－シナイモツゴ郷の会からのメッセージ, 恒星社厚生閣, 東京. 1-152.

加納光樹・吉田剛司・井上 隆・瀬能 宏・細谷和海・多紀保彦 2006. 諸外国で輸入が禁止されている侵略的外来魚, 生物科学 57：223-232.

加納光樹・斉藤秀生・渕上聡子・今村彰伸・今井 仁・多紀保彦 2007. 渡良瀬川水系の農業水路におけるカラドジョウとドジョウの出現様式と食性, 水産増殖 55：109-114.

川合禎次・川那部浩哉・水野信彦編 1980. 日本の淡水生物－侵略と撹乱の生態学, 東海大学出版会, 東京. 1-220.

環境省編 2004. ブラックバス・ブルーギルが在来生物群集及び生態系に与える影響と対策, 自然環境研究センター, 東京. 1-226.

環境省自然環境局のホームページ（http://www.env.go.jp/nature/intro）

北川えみ・北川忠生・能宗斉正・吉谷圭介・細谷和海 2005. オオクチバスフロリダ半島産亜種由来遺伝子の池原貯水池における増加と他湖沼への拡散, 日本水産学会誌 71：146-150.

Kitano, S. 2004. Ecological impact of rainbow, brown and brook trout in Japanese inland waters. Global Environmental Research 8：41-50.

近藤喜清 2007. 外来生物に対する水産庁の取り組み, 日本水産学会誌 73：1145-1146.

Lever, C. 1996. Naturalized fishes of the world, Academic Press, San Diego. 1-408.

丸山為蔵・藤井一則・木島利通・前田弘也 1987. 外国産新魚種の導入経過, 水産庁研究部資源課, 水産庁養殖研究所. 1-157.

中井克樹 1999. バス釣りがもたらすわが国の淡水生態系の危機－何が問題で何をなすべきか. 森誠一編著, 淡水生物の保全生態学－復元生態学に向けて, 信山社サイテック, 東京. 154-168.

中井克樹 2002. 日本の外来種リスト（魚類）. 日本生態学会編, 村上興正・鷲谷いづみ監, 外来種ハンドブック, 地人書館, 東京. 303-305.

中井克樹 2006. 外来生物法とオオクチバス－特定外来生物の指定をめぐって. 細谷和海・高橋清孝編, ブラックバスを退治する－シナイモツゴ郷の会からのメッセージ, 恒星社厚生閣, 東京. 13-26.

Nico, L. G. and J. D. Williams 1996. Risk assessment on black carp (Pisces : Cyprinidae). Final Report to the Risk Assessment and Management Committee of the Aquatic Nuisance Species Task Force. U. S. Geological Survey, Biological Resources Division, Gainesville, Florida. 1-61.

日本魚類学会自然保護委員会編 2002. 川と湖の侵略者ブラックバス－その生物学と生態系への影響, 恒星社厚生閣, 東京. 1-150.

日本魚類学会 2005. 生物多様性の保全をめざした魚類の放流ガイドライン. 片野修・森 誠一監・編. 希少淡水魚の現在と未来－積極的保全のシナリオ, 信山社, 東京. 396-399.

日本魚類学会自然保護委員会外来魚問題検討部会 2005. 日本におけるオオクチバスの拡散要因. 第3回特定外来生物等分類群専門家グループ会合（魚類）オオクチバス小グループ会合 瀬能委員資料, 環境省. 1-5.

日本水産学会水産増殖懇話会編 2005. 遊漁問題を問う, 恒星社厚生閣, 東京. 1-163.

農林水産技術会議事務局 2003. 外来魚コクチバスの生態学的研究及び繁殖抑制技術の開発, 研究成果 417. 1-125.

Pearsons, Y. N. and C. W. Hopley 1999. A practical approach for assessing ecological risks associated with fish stocking programs. Fisheries 24 : 16-23.

瀬能 宏 2006. 外来生物法はブラックバス問題を解決できるのか？, 哺乳類科学 46：

103-109.

嶋田哲郎 2006. オオクチバスが水鳥群集に与える影響. 細谷和海・高橋清孝編, ブラックバスを退治する－シナイモツゴ郷の会からのメッセージ, 恒星社厚生閣, 東京. 37-42.

進東健太郎 2006. 伊豆沼・内沼におけるゼニタナゴと二枚貝の生息現況. 細谷和海・高橋清孝編, ブラックバスを退治する－シナイモツゴ郷の会からのメッセージ, 恒星社厚生閣, 東京. 43-47.

杉山秀樹 2005. オオクチバス駆除最前線, 無明舎出版, 東京. 1-268.

立原一憲・徳永桂史・地村佳純 2002. 沖縄島の外来魚類－様々な熱帯魚が河川に定着. 日本生態学会編, 村上興正・鷲谷いづみ監, 外来種ハンドブック, 地人書館, 東京. 248-249.

立川賢一 2002. ソウギョ－水草をバクバク喰う大食漢. 日本生態学会編, 村上興正・鷲谷いづみ監, 外来種ハンドブック, 地人書館, 東京. 111.

高橋清孝 2006. オオクチバスが魚類群集に与える影響. 細谷和海・高橋清孝編, ブラックバスを退治する－シナイモツゴ郷の会からのメッセージ, 恒星社厚生閣, 東京. 29-36.

鷹見達也・青山智哉 1999. 北海道におけるニジマスおよびブラウントラウトの分布, 野生動物保護 4:41-48.

竹花祐介・酒泉 満 2005. メダカの遺伝的多様性の危機, 遺伝 56:66-71.

田中英二 2007. 外来水生生物対策に関する環境省の取り組み, 日本水産学会誌 73:1147-1149.

谷口順彦 2007. 海面養殖種苗導入のリスク管理－タイリクスズキ, 日本水産学会誌 73:1125-1128.

Townsend, C. R. and M. J. Winterbourn 1992. Assessment of the environmental risk posed by an exotic fish: the proposed introduction of Channel catfish (*Ictalurus punctatus*) to New Zealand. Conservation Biology 6:273-282.

Winfield, I. J. and N.C. Durie 2004. Fish introductions and their management in the English Lake District. Fish. Manag. Ecol. 11:195-201.

財団法人日本釣振興会 2004. 万一, オオクチバスが特定外来生物に指定されたとした

ら，どのような問題が懸念される（生ずる）か．第2回特定外来生物等分類群専門家グループ会合（魚類），オオクチバス小グループ会合，財団法人日本釣振興会資料，環境省．1-6．

全国ブラックバス防除市民ネットワーク編 2007. STOP！ブラックバス 市民によるブラックバス防除活動, 全国ブラックバス防除市民ネットワーク, 東京. 1-187.

全国内水面漁業協同組合連合会 1992 a. 移入すれば問題になり得る主な外国産魚種に関する文献調査. 水産庁「外来魚対策検討委託事業報告書」. 1-159.

全国内水面漁業協同組合連合会 1992 b. ブラックバスとブルーギルのすべて, 水産庁「外来魚対策検討委託事業報告書」. 1-221.

全国内水面漁業協同組合連合会 2007. 害魚ブラックバス駆除実践ハンドブック 駆除に成功するカギ！, 全国内水面漁業協同組合連合会, 東京. 1-51.

淀　太我・井口恵一朗 2004. バス問題の経緯と背景, 水産総合研究センター研究報告 12：10-24.

淀　太我・向井貴彦・谷口義則・中井克樹・瀬能　宏 2005. 自然保護委員会が行ったサンフィッシュ科3種による被害実例アンケートの結果報告, 魚類学雑誌 52：74-80.

横川浩治 1999. 日本における外国産魚介類の移入とそれらの生物学的特徴, 水産育種 28：1-25.

Yokogawa, K., K. Nakai and F. Fujita 2005. Mass introduction of Florida bass *Micropterus floridanus* into Lake Biwa, Japan, suggested by recent dramatic genomic change. Aquacul. Sci. 53：145-155.

第8章
導入昆虫のリスク評価とリスク管理
－導入天敵のリスク評価と導入基準－

望 月　淳
農業環境技術研究所

1. 緒　言

　近年，外来生物の生態系への影響が注目されている．現在までに海外からの侵入あるいは人為的な導入により，野外に定着している昆虫は，415種とされているが（日本生態学会，2002），一度でも侵入の記録がある種や，数年間は生息したが，現在では消滅した種，ペットとして輸入されているクワガタムシ・カブトムシ類を含めると，1,000種以上に及ぶ．

　これら外来昆虫の中には，海外から侵入して農作物などに害を与える，いわゆる侵入害虫や，花粉媒介や害虫防除などのために海外から人為的に輸入される有益な昆虫がいる．前者の侵入害虫は，偏西風や台風によって海外から飛来するものや，人間の移動や貿易により人や貨物などに紛れ込んで侵入するものがあり，非意図的外来生物とも言われている．これら農作物へ害をもたらす恐れのある病害虫の海外からの持ち込みは，植物防疫法により厳重に取り締まられており，各港湾では輸入検疫によって，これらの侵入防止策が取られている．さらに，このような対策によっても侵入が防止できなかった害虫については，農林水産省が中心となり，緊急防除対策が取られるなど，厳しい監視下にある．

　一方，後者の人為的に輸入される昆虫（導入昆虫）のうち，海外から導入する天敵昆虫は，農作物害虫防除に利用される有用生物であり，肉食性であるため農作物を加害しないことから，輸入に関しては規制がほとんど無い．し

かしながら，導入天敵は，生きた生物であるため，移動性および増殖性を有することから，定着した場合，土着の生物相に影響を与える可能性がある．Howath (1983, 1991) は世界で初めてこの問題を取り上げ，導入によって防除対象外の生物の大幅な減少を招いた例を収集し，海外からの導入天敵の土着生態系への影響に懸念を示している．この報告を機に欧米諸国では，外来導入天敵の土着生態系への影響に注目するようになっている．

この章では，まず，導入天敵昆虫類の有益性と現状を解説し，外来生物としての導入天敵昆虫類の生態系への影響とその評価手法について，論じたい．

2．導入天敵の利用法

導入天敵の利用法には，伝統的生物防除法と生物農薬的利用の2種類がある．

伝統的生物防除法とは，18世紀中頃に考え出された方法で，海外からの侵入害虫を防除するため，その原産国から天敵を輸入し，放すという方法である．この方法を世界的に有名にした成功例は，アメリカにおけるイセリアカイガラムシの防除である．1880年代に，オーストラリア原産の侵入害虫イセリアカイガラムシの被害が柑橘園などに拡大し，その防除に苦慮したアメリカでは，オーストラリアで天敵探索をして，ベダリアテントウという捕食性のテントウムシを発見した．1889年に，これを輸入して柑橘園に放したところ，イセリアカイガラムシを防除することに成功した．この成功が世界的に注目され，ベダリアテントウは世界の40カ国で輸入され，イセリアカイガラムシの防除に有効利用された．わが国でも1911年にベダリアテントウを輸入して以来，各種の天敵導入が開始され，現在に至るまで30種類の天敵が海外から導入されている．この方法は，天敵がいないために個体数が抑制されない侵入害虫の個体数を天敵導入により，抑制しようという試みである．定着を主眼とする侵入害虫の省力的防除手段として，農林水産省や公立の試験場が中心となって，導入・放飼事業が行われてきた．現在もわが国に生息して侵入害虫の防除に役立っている導入天敵は，10種類である（付表1）．

近年，環境と調和のとれた農業生産が推進される中で，化学合成農薬以外の手法による有害動植物の防除についての関心が高まっており，化学合成農薬の使用を減少させる効果が高い技術として，天敵生物（昆虫・微生物など）を防除体系に積極的に組み込んでいこうという動きがある．ハウスなどの施設栽培では，天敵生物を農薬として利用する方法が主流となりつつある．このような利用による天敵生物は生物農薬と呼ばれ，伝統的生物防除法とは異なり，天敵の定着を主眼とするのではなく，化学農薬と同様に，天敵を散布する，いわば使い捨ての方法である．天敵を生物農薬として利用する場合は，農薬登録が必要であり，農薬メーカーが販売している．しかし，わが国では生物農薬の利用は歴史が浅く，新たに有効な土着天敵の探索や飼育法の開発などには，時間とコストがかかるため，わが国では海外の農薬メーカーで飼育・販売している生物農薬を輸入して利用する場合が多い．このように海外から輸入する生物農薬は，外来生物である．これまでに生物農薬として利用するため，わが国に輸入された天敵昆虫は16種であり，そのうち12種が生物農薬として登録され，現在も販売されている．これらは主に施設栽培で利用されている．野外での定着性については不明な点が多い（付表2）．

3．導入天敵の生態系への影響評価の現状

以上のように，導入天敵は，農業上有益性が高い．しかしながら，外来生物という側面も持ち合わせており，農業現場から逸脱して，対象害虫（標的昆虫）以外の非標的昆虫にもインパクトを与え，最終的には生態系に影響を与えるのではないかという懸念が，保全生態学者から持ち上がっている．

では，どの様な生態系影響が考えられ，それが実際に起こっているのかどうかを整理する必要がある．van Lenteren et al. (2006) は，天敵昆虫の非標的昆虫への影響の主な例をまとめている（表8.1）．これによると，非標的昆虫が絶滅に追いやられた可能性を示す例，稀少昆虫の分布域が狭まった可能性を示す例，土着昆虫の個体数が減少した可能性を示す例，天敵の置き換わり（導入天敵が土着天敵にかわって優占種になった可能性を示す例）などが報告されている．これまでに，世界で人為的に移動された天敵昆虫は，約

5,300種に及ぶが,これまでに非標的生物への影響報告数は,約80種で1.5%に過ぎない.わが国では,海外から侵入もしくは導入により定着した昆虫は,415種であるが(日本生態学会,2002),そのうち13種(3.1%)が農業上利用するために人為的に導入して定着している天敵昆虫やミツバチなどの花粉媒介昆虫である.その他の昆虫の大部分の217種(71.6%)が害虫であり,害虫ではない昆虫は88種となっている.わが国では,天敵昆虫については,

表8.1 海外における導入天敵の生態影響事例

導入昆虫名	防除対象生物	導入国(導入年)	生態的影響等
ヤドリバエの一種 *Bessa remota*	coconut moth (*Levuana iridescens*)	フィジー (1925)	防除対象外のマダラガの一種 *Heteropan dolens* が絶滅した可能性
ヤドリバエの一種 *Lespesia archippivora*	ヨトウガの一種 *Mamestra configurata*	アメリカハワイ州 (1990年初)	ヤガの一種 *Agrotis crinigera* が絶滅した可能性
アオムシコマユバチ *Cotesia glomerata*	モンシロチョウ *Pieris rapae*	アメリカマサチューセッツ州 (1983年)	エゾスジグロシロチョウの一種 *P. napi oleraceae* (希少種)の分布域の減少
ヒメコバチの一種 *Tetrastichus dryi*	ミカンキジラミの一種 *Trioza eastopi*	フランス・レユニオン島 (1978)	在来キジラミの一種 *Trioza eastopi* の個体群減少
ノコギリハリバエ *Compsilura concinnata*	マイマイガ *Lymantria dispar*	アメリカ (1906-09, 1978-85)	セクロピア蚕やタテハチョウ科の蝶の個体群の減少
ナナホシテントウ *Coccinella septempunctata*	アブラムシ類	アメリカ (1958)	クホシテントウ等の土着種を駆逐し,これに置き換わった可能性
ツヤコバチの一種 *Cales noacki*	コナジラミの一種 *Aleurotuba jelinekii*	イタリア (1980-94)	コナジラミの一種 *Aleurotuba jelinekii* の土着寄生蜂の導入種との置き換わり
ツヤコバチの一種 *Aphelinus varipes*	アブラムシ類	アメリカ (1987)	在来種群 *Aphelinus varipes complex* との交雑(遺伝子汚染)
ツマアカオオヒメテントウ *Cryptolaemus montrouzieri*	カイガラムシ類	南アフリカ・モーリシャス (1940後)	ウチワサボテン防除のためのカイガラムシ *Dactylopius opuntiae* も捕食

van Lenteren *et al.* (2006)を改変

生態系への影響の報告はないが,セイヨウオオマルハナバチの例のように,生態系への影響が懸念される例もあるので(本書,第9章参照),導入天敵昆虫についても生態系影響に関する再調査は必要である.

4. 海外における導入天敵に対する対応状況

外来の天敵昆虫に対する海外の対応を見てみると,オーストラリア,ニュージーランドやカナダなどの国では,古くから外来生物の輸入に関する規制が厳しく,生物的防除資材,すなわち天敵に関しても,海外からの輸入には法律の下に規制を行っている.しかし,他の国々では,対応がさまざまであるため,国際規約が必要との観点から,国連食糧農業機構(FAO)では,外来天敵の輸入と放飼に関して取り扱い規約 Code of Conduct for the Import and Release of Exotic Biological Control Agents を 1996 年に取りまとめ,2005 年には ISPM 3(International Standard for Phytosanitary Measures)として,これを改訂している(FAO, 1996, 2005).この規約は,外来天敵の輸入と放飼に際し,各国が責任当局を決定して何らかの規制の枠組みを策定することが必要であるとして,責任当局,輸入者,輸出者が安全確保のためにしなくてはならない事柄を規定している,いわばガイドラインである.アメリカでは,USDA-APHIS が,生態系影響が少ないと考えられる外来天敵のリスト,すなわちホワイトリストを作成して,これらだけ輸入を許可している.このように,欧米諸国でも,ガイドラインは出来てはいるものの,具体的にどのように外来天敵の生態系影響(リスク)を評価し,導入規制の基準はどの様にするかということに関しては,まだ流動的である.

5. わが国の対応

わが国でも,環境省(当時,環境庁)が,専門家によるワーキンググループを結成し,国内及び海外における導入種を含めた天敵農薬の利用と環境影響の実態を分析して,天敵農薬に係る環境影響評価のあり方,その試験方法,モニタリング手法等について検討を行い,平成 11 年に「天敵農薬環境影響調査検討会報告書-天敵農薬に係る環境影響評価ガイドライン-」(環境省,

1999)を取りまとめている．

　現在，外来天敵の導入に関しては，農薬取締法のもと，環境省の提出したガイドラインに沿って環境影響を評価し，輸入・利用が許可されている．

　評価項目としては，以下の項目があげられる．

① 人の健康への影響

　　直接人体を刺したり咬んだりすることによる影響や肺への吸引による被害やアレルギーなどに関すること

② 経済的な影響

　　有益な昆虫（ミツバチ，カイコなど）への影響による生産性の減少

③ 環境影響（生態系への影響）

・非標的昆虫の絶滅のリスク

・非標的昆虫の減少のリスク

・土着天敵が導入天敵との競争による影響を受けるリスク

・導入天敵が土着生物へ新たな病害を持ち込むリスク

・土着天敵が導入天敵に置き換わるリスク

・導入天敵との交雑により遺伝的多様性，固有性が失われるリスク

・導入天敵により，土着生物の生態的バランスが崩れるリスク

　ここで，①や②については，一般の化学農薬と同様に，まず第1に評価されるべき項目であり，生態系影響とは切り離して扱われている．

　対象となる生物は，わが国では天敵昆虫類（ダニや線虫を含む）と微生物（植物病原菌の防除のための拮抗微生物や害虫防除にもいられる昆虫病原細菌など）に限られる．ただし，このガイドラインは，評価手法が多段的評価法を採用しているため，定性的であり，個々の種についての評価はできるが，定量的でないため客観性に乏しく，生態系への影響程度を比較することができない．また，このガイドラインでは，天敵の有用性に着目し，最終的にはリスク－ベネフィット評価により，導入の可否を説いているが，リスクとベネフィットは，単純に比較することが難しい．そこで，リスクだけに注目し，より透明性の高い，定量的な生態系影響の事前評価手法によって，影響が少ないという安全性が評価された天敵だけを，導入するという視点が適

切であると考えられる．

6．導入天敵の新たな環境影響評価手法

我々の研究グループでは，海外から輸入されている捕食性天敵，ヤマトクサカゲロウやカブリダニ類やマメハモグリバエの寄生蜂などの導入天敵が，わが国への生態系に与える影響に関する試験研究を行ってきた（望月ら，2003；Mochizuki and Mitsunaga, 2004；望月ら，2004；Naka et al., 2005；望月ら，2005；Mochizuki et al., 2006 など）．そして，その結果と海外における事例を参考に，新たな天敵導入のための評価基準を作成し，定量的かつ客観的に評価可能な導入指標による判定方法を開発したので，ここに紹介する．この方法の基本的な考え方は，リスク評価において定量的かつ客観的な指標として，一般に用いられている損失期待値を用いるものであり，ニュージーランドで化学物質などの評価手法として採用され，ヨーロッパでの生物

表 8.2　導入天敵昆虫の生態系影響評価 1 次基準

L：生態系影響の可能性

L	定着（可能性）	分散性 （導入ステージの余命）	寄主範囲 （天敵の摂食量≒体長）
1	越冬，越夏不能	1 週間未満	1 mm 未満
2	年 1 化，休眠性なし	1 週間以上 2 週間未満	1 mm 以上 3 mm 未満
3	年 2 化以上，休眠性なし	2 週間以上 3 週未満	3 mm 以上 5 mm 未満
4	年 1 化，休眠性有り	3 週間以上 4 週間未満	5 mm 以上 10 mm 未満
5	年 2 化以上，休眠性有り	1 ヶ月以上	10 mm 以上

M：生態系影響の程度

M	定着	分散性（導入ステージの移動速度）	寄主範囲（標的種との関係）
1	ごく限られた地域だけ	10 cm/s 未満（無風，以下同じ）	同属の種
2	10％未満の地域	10 cm/s 以上 50 cm/s 未満	同科の種
3	10 以上 25％未満の地域	50 cm/s 以上 1 m/s 未満	同目の種
4	25 以上 50％未満の地域	1 m/s 以上 2 m/s 未満	同綱の種
5	50％以上の地域	2 m/s 以上	門内あるいは門をまたがる

的防除資材の導入に関する環境リスク評価（ERBIC）のプロジェクトにおいて提案された評価手法（Hokkanen et al., 2003）を参考に，わが国の環境に適合するように改良したものである．

環境影響（生態系影響）に関するリスクを，もっとも定量的に表す指標として，損失期待値を用いている方法がある．すなわち，生態系影響をその可能性（L）と程度（M）に分割し，定着，分散性，寄主範囲，稀少種や地域固有種への直接影響，近縁天敵との競争，近似種との交雑の生態系影響に関与する6つの評価項目について，その積和（L×M；損失期待値）を指標として用

表8.3　導入天敵昆虫の生態系影響評価2次基準

L：生態系影響の可能性

L	稀少種や地域固有種等への直接影響	近縁天敵との競争	近似種との交雑
1	生息場所・時期が異なる	寄主範囲が重ならない	なし
2	生息場所・時期が重なることがある	寄主範囲が一部重複	種間交雑率が低い
3	生息場所・時期が常に一部重なる	寄主範囲が50％程度重複	種間交雑率高,雑種性比が偏る
4	生息場所・時期が5割程度重なる	寄主範囲が大部分重複	種間交雑率高,雑種性比は1：1
5	生息場所・時期が完全に一致する	寄主範囲がほぼ一致	種間雑種は,親より強勢

M：生態系影響の程度

M	稀少種や地域固有種等への直接影響	近縁天敵との競争	近似種との交雑
1	希少種等は寄主となりえない	常に勝敗に優劣なし/劣勢	形態的な差が大きい
2	希少種等を含む30種以上が寄主	寄主の存在下で共存	雌雄交信信号に種間差がある
3	希少種等を含む10以上30種未満が寄主	1－2種に対しては勝利	近似種の雌が多回交尾可能
4	希少種等を含む10種未満が寄主	数種の相手に勝利	近似種の雌が1世代に2－3回交尾
5	標的種より希少種等を好む	広い範囲の相手に勝利可	近似種の雌は1世代に1回交尾

いる手法を開発した．生態系影響リスクは，災害や化学物質によるリスクのように具体的な数値で表すことが難しいため，各評価項目について5段階の評価基準を定め，それぞれの項目について数値化を行った．導入のための事前評価では，すべての項目について研究・調査していると時間とコストがかかることから，文献や標本調査あるいは，閉鎖系での実験によって判定できる，定着，分散性，寄主範囲の3項目による1次基準を作成し（表8.2），1次指標を計算してふるいにかけ，一定の条件を満たさない種（生態影響が大きいことが懸念される種）については，追加実験を行い，残りの「稀少種や地域固有種への直接影響，近縁天敵との競争，近似種との交雑」の3項目からなる2次基準（表8.3）による指標と合わせて，総合指標を計算して導入の可否を決定するという2段階方式を考案した．

次に過去にわが国に導入された天敵や海外での事例を対象に，上記の生態系影響評価指標を求めたところ（表8.4），1911年にわが国に導入され，現在も定着しているが，これまでに生態系影響の報告がないベダリアテントウで1次指標が40であったので，わが国の生態系への影響が少ないと考えられる指標の1つの基準値と考えた．また，ナナホシテントウのような海外での生

表8.4　導入天敵の生態系影響評価指標の計算例

天敵の種類		定着	分散性	寄主範囲	1次指標（計）	直接影響	競争	交雑	小計	総合指標
ヤマトクサカゲロウ *Chrysoperla carnea*	L	5	1	4		3	4	2		
	M	5	2	5		3	2	2		
	LxM	25	2	20	47	6	10	4	20	67
チュウゴクオナガコバチ	LxM	20	8	3	31	3	15	2	20	51
ハモグリコマユバチ	LxM	25	2	4	31	1	4	1	6	37
ククメリスカブリダニ	LxM	2	4	5	11	1	10	1	12	23
ベダリアテントウ	LxM	25	9	6	40	3	2	1	6	46
ナナホシテントウ*	LxM	25	20	20	65	6	15	12	22	98

* ナナホシテントウは，日本を含むアジアに広く分布する種で，他国産の導入は行われていない．

態系影響事例を，わが国に置き換えて想定した場合，指標がどの程度になるかを調べたところ，1次指標は40を越え，総合指標も80を越えることが分かった．そこで総合指標80が生態系影響の大きな種と判断する目安となると判断した（ナナホシテントウは日本に在来種がいるので，ナナホシテントウがわが国で生態系影響を持っているという意味ではなく，これは，あくまでも同様な影響が出ると考えられる種を仮定した結果である）．

そこで，この事前評価手法による導入判断は，次のような手続きを踏むと良いと考えられる．まず，1次指標が40を超えない種は，第2次基準の評価を行うことなく，わが国へ導入しても生態影響がほとんど無いと考えられる．1次指標が40を超える種については，第2次基準の項目について，調査・研究を行うべきであり，それでも総合指標が80を超える種は，導入を見送るか，総合指標が80以下になるような方策，たとえば野外に逃亡しないようにネットを張る等の措置を採るべきである．また，1次指標が40を超えているが，総合指標が80以下の場合は，一応導入を許可し，その後の生態系影響を監視していくという対応が適切と考えられる．

7．終わりに

今回提案した新たな評価手法と基準は，事前評価あるいは事前審査のためのものであるが，行政部局で正式に採用されたものではない．また，この基準をクリアしたものでも，生物は環境への適応能力もあり，導入後新たな問題が出てくる可能性もある．したがって，導入した外来天敵の定着状況，個体数などを追跡できるようなモニタリングシステムを用意し，大きな生態影響が認められた場合は，その被害を最小限に食い止められるようにしておくべきである．昆虫は小さく，目につきにくいという特徴を備えているので，今後，微少な外来昆虫のモニタリング手法の開発が望まれるところである．外来天敵昆虫の中には，かつてはわが国に生息する種と同一種として扱われていたが，現在では，別種として扱われている種がある．たとえば，ドイツから輸入されているヤマトクサカゲロウ *Chrysoperla carnea* は，交尾の際に出す交信音が日本土着種とは異なり，野外では交雑しない別種と考えられる

ことが,ごく最近になって分かった例もある(Taki et al., 2005 ; Naka et al., 2005 : Naka et al., 2006). したがって,種の問題については,農薬メーカーは認識が不十分なので,この点についても研究を進めていかなければならないと考える.

引用文献

FAO 1996. Code of conduct for the import and release of exotic biological control agents. International Standard of Phytosanitary Measures 3. https://www.ippc.int/IPP/En/default.jsp

FAO 2005. ISPM-3. Draft revision. ISPM No. 3. Guidelines for the export, shipment, import and release of biological control agents and beneficial organisms. https://www.ippc.int/IPP/En/default.jsp

Hokkanen, H.M.T. D. Babendreier, F. Bigler, G. Burgio, S. Kuske, J.C. van Lenteren, A.J.M. Loomans, I. Menzler-Hokkanen, P.C.J. van Rijn, M.B. Thomas, M.G. Tommasini, Q-Q. Zeng 2003. Evaluating environmental risks of biological control introductions into Europe. Final Report, EU-FAIR5-CT97-3489 (ERBIC), Brussels, 149 pp.

Howath, F.J.1983. Biological control : panacea or Pandora's box? Proceedings of Hawaiian Entomological Society 24 : 239-244.

Howath, F.J. 1991. Environmental impacts of classical biological control. Annual Review of Entomology 36 : 485-509.

環境省1999. 天敵農薬環境影響調査検討会報告書-天敵農薬に係る環境影響評価ガイドラインー. http://www.env.go.jp/water/report/h11-01/all.html

望月雅俊・舟山 健・本郷公子・望月 淳 2003. 秋田県のリンゴ園に導入されたオキシデンタリスカブリダニの土着カブリダニ類への影響評価. 北日本病害虫研究会報 54 : 174-176.

Mochizuki, A. and T. Mitsunaga 2004. Non-target impact assessment of the introduced green lacewing, *Chrysoperla carnea* (Stepehns) (Neuroptera : Chrysopidae) on the indigenous sibling species, *C. nipponensis* (Okamoto) through interspecific predation. Applied Entomology and Zoology 39 : 217-219.

望月雅俊・木村佳子・望月　淳 2004. 青森県農業総合研究センターりんご試験場へ放飼された導入カブリダニ類の土着カブリダニ類への影響評価. 北日本病害虫研究会報 55 : 259-261.

望月雅俊・笹脇彰徳・望月　淳・屋良佳緒利・春山直人 2005. 導入天敵オキシデンタリスカブリダニ放飼13年後の果樹園におけるカブリダニの種類相. 関東東山病害虫研究会報 52 : 107-109.

Mochizuki, A., H. Naka, K. Hamasaki and T. Mitsunaga 2006. Larval cannibalism and intraguild predation between the introduced green lacewing, *Chrysoperla carnea*, and the indigenous trash-carrying green lacewing, *Mallada desjardinsi* (Neuroptera : Chrysopidae), as a case study of potential nontarget effect assessment. Environmental Entomology 35 : 1298-1303.

Naka, H., T. Mitsunaga and A. Mochizuki 2005. Laboratory Hybridization Between the Introduced and the Indigenous Green Lacewings (Neuroptera : Chrysopidae : *Chrysoperla*) in Japan. Environmental Entomology 34 : 727-731.

Naka, H., N. Haruyama, K. Ito, T. Mitsunaga, M. Nomura and A. Mochizuki 2006. Interspecific hybridization between introduced and indigenous green lacewings (Neurop., Chrysopidae : *Chrysoperla*) at different adult densities. Journal of Applied Entomology 130 : 426-428.

日本生態学会 2002. 外来種ハンドブック. 地人書館. 東京. 390 pp.

Taki, H., S. Kuroki, and M. Nomura 2005. Taxonomic diversity within the Japanese green lacewing, *Chrysoperla carnea* (Neuroptera : Chrysopidae), identified by courtship song analyses and crossing tests. Journal of Ethology 23 : 57-61.

van Lenteren, J.C., J. Bale, F. Bigler, H.M.T. Hokkanen and A.J.M. Loomans 2006. Assessing risks of releasing exotic biological control agents of arthropod pests. Annual Review of Entomology 51 : 609-634.

付表1 わが国における導入天敵（伝統的導入天敵）

種類	導入（輸入）元	導入年	定着性	食性	対象害虫
ベダリアテントウ *Rodolia cardinalis*	オーストラリア	1911	定着	捕食	イセリアカイガラムシ *Icerya purchasi*
コガネコバチの一種 *Scutellista cyanea*	アメリカ	1924	失敗	寄生	ルビーロウカイガラムシ *Ceroplastes rubens*
コガネコバチの一種 *Moranila californica*	アメリカ	1932-38	失敗	寄生	ルビーロウカイガラムシ
ツヤコバチの一種 *Aneristus ceroplastae*	アメリカ	1932	失敗	寄生	ルビーロウカイガラムシ
トビコバチの一種 *Mycroterys kotinskyi*	アメリカ	1932-38	失敗	寄生	ルビーロウカイガラムシ
シルベストリコバチ *Encrsia* (= *Prospaltella*) *smithi*	中国	1925	定着	寄生	ミカントゲコナジラミ *Aleurocanthus spiniferus*
テントウムシの一種 *Catana* sp.	中国	1925	失敗	捕食	ミカントゲコナジラミ
オナガコマユバチの一種 *Spathius fuscipennis*	フィリピン	1928	失敗	寄生	ニカメイガ *Chilo suppressalis*
イシイコバチ *Trichogramma chilonis*	フィリピン	1929	失敗	寄生	ニカメイガ
タマゴバチの一種 *Uscana semifumipennis*	アメリカ	1930-31	失敗	寄生	マメゾウムシ類
ワタムシヤドリコバチ *Aphelinus mali*	フランス アメリカ	1926-27 1931	失敗 定着	寄生	リンゴワタムシ *Eriosoma lanigrum*
ツマアカオオヒメテントウ *Cryptolaemus montrouzieri*	アメリカ	1931, 1979	?(再発見)	捕食	コナカイガラムシ類
ウリミバエコマユバチ *Psyttalia fletcheri*	台湾	1932	定着	寄生	ウリミバエ *Bactrocera curcubitae*
ヒゲナガコマユバチの一種 *Macrocentrus ancylivorus*	アメリカ	1933	失敗	寄生	ナシヒメシンクイ *Grapholita molesta*
ウスマルヒメバチの一種 *Glypta rufiscutellaris*	アメリカ	1934	失敗	寄生	ナシヒメシンクイ
キイロコバチの一種 *Aphytis lingnanensis*	アメリカ	1955	失敗	寄生	ヤノネカイガラムシ *Unaspis yanonensis*

付表1　わが国における導入天敵（伝統的導入天敵）（続き）

種類	導入（輸入）元	導入年	定着性	食性	対象害虫
ヤノネキイロコバチ Aphytis yanonensis	中国	1980	定着	寄生	ヤノネカイガラムシ
ヤノネツヤコバチ Cccobius (= Physcus) fulvus	中国	1980	定着	寄生	ヤノネカイガラムシ
チリージャガイモガトビコバチ Copidosoma desantisi	チリ	1956	失敗	寄生	ジャガイモガ Phthorimaea operculella
ウルグアイジャガイモガトビコバチ Copidosoma koehleri	インド	1966	不明	寄生	ジャガイモガ
チュウゴクオナガコバチ Torymus sinensis	中国	1975−	定着	寄生	クリタマバチ Dryocosmus kuriphilus
チリカブリダニ Phytoseiulus persimilis	アメリカ	1966	定着	捕食	ハダニ類
ファラシスカブリダニ Neoseiulus fallacis	ニュージーランド	1986−87	失敗	捕食	ハダニ類
オキシデンタリスカブリダニ Galendromus occidentalis	ニュージーランド	1986−87	失敗	捕食	ハダニ類
パイライカブリダニ Typhlodromus pyri	ニュージーランド	1986−87	失敗	捕食	ハダニ類
ハラアカハバチヤドリヒメバチ Olesicampe benefactor	カナダ	1984	不明	寄生	カラマツハラアカハバチ Pristiphora erichsoni
ヨーロッパトビアメバチ Bathyplectes anurus	アメリカ	1988−89	定着	寄生	アルファルファタコゾウムシ Hypera postica
タコゾウチビアメバチ Bathyplectes curculionis	アメリカ	1988−89	失敗	寄生	アルファルファタコゾウムシ
ヨーロッパハラボソコマユバチ Microctonus aethiopoides	アメリカ	1988−89	失敗	寄生	アルファルファタコゾウムシ
セイヨウコナガチビアメバチ Diadegma semiclausum	台湾 ニュージーランド	1989 2003	定着 試験中	寄生	コナガ Plutella xylostella
30種類			10種定着		

村上（1997）に加筆

付表2　わが国における導入天敵(生物農薬)

種類	輸入元	登録年	現状	食性	対象害虫
オンシツツヤコバチ *Encarsia formosa*	オランダ	1995	継続輸入	寄生	コナジラミ類
サバクツヤコバチ *Eretmocerus eremicus*	アメリカ	2002	継続輸入	寄生	コナジラミ類
チチュウカイツヤコバチ *Eretmocerus mundus*	オランダ	2007	継続輸入	寄生	コナジラミ類
タバココナジラミツヤコバチ *Eretmocerus californicus*	オランダ	―	試験中	寄生	コナジラミ類
イサエアヒメコバチ** *Diglyphus isaea*	オランダ	1997	継続輸入	寄生	マメハモグリバエ *Liriomyza trifolii*
ハモグリコマユバチ *Dacnusa sibirica*	オランダ	1997	継続輸入	寄生	マメハモグリバエ
コレマンアブラバチ *Aphidius colemani*	オランダ	1998	継続輸入	寄生	アブラムシ類
ショクガタマバエ** *Aphidoletes aphidimyza*	オランダ	1998	継続輸入	捕食	アブラムシ類
ヤマトクサカゲロウ*** *Chrysoperla carnea*	ドイツ	2001	継続輸入	捕食	アブラムシ類
ヒメジンガサハナカメムシ *Wollastoniella rotunda*	タイ	―	試験中	捕食	アザミウマ類
オウシュウヒメハナカメムシ　*Orius laevigatus*	オランダ	―	試験中	捕食	アザミウマ類
チリカブリダニ* *Phytoseiulus persimilis*	オランダ	1995	継続輸入	捕食	ハダニ類
ククメリスカブリダニ *Neoseiulus cucumeris*	オランダ	1998	継続輸入	捕食	アザミウマ類
ミヤコカブリダニ** *Neoseiulus californicus***	オランダ	2003	継続輸入	捕食	ハダニ類
スワルスキーカブリダニ *Typhlodromips swirskii*	オランダ	2008	登録申請中	捕食	アザミウマ類・コナジラミ類
デジェネランスカブリダニ *Iphiseius degenerans*	オランダ	2003	輸入中止	捕食	アザミウマ類
16種類			12種登録		

* 過去に伝統的導入天敵として導入されているが,導入元が異なるため,系統が異なる可能性がある.
** わが国にも同一の在来種がいるが,導入種は遺伝的別系統 の可能性有り.
*** わが国の在来種とは別種として扱うべき.

第9章
輸入昆虫のリスク評価とリスク管理
― 特定外来生物セイヨウオオマルハナバチのリスク管理 ―

五箇　公一
国立環境研究所

1. 外来生物法と輸入昆虫

　本来の生息地を離れ，人間の手によって別の地域に移動させられた生物を「外来生物 Alien Species」といい，その中で新天地での定着に成功し，さらに分布を拡大して，その地域にもともと生息していた在来生物に対して悪影響をもたらす外来生物を「侵略的外来生物 Invasive Alien Species」，略して「侵入生物」と言う．世界経済のグローバリゼーションに伴う物資と人の国際移送の活発化は，侵入種の拡大をもたらし，生物多様性に対する悪影響が世界的にも問題視されている．貿易大国である日本にも明治の開国以来，多くの侵入種が定着を果たし，日本本来の生態系に対して脅威を与えてきた．

　日本政府は侵入種から日本の生態系を守ることを目的として，2005年6月に「特定外来生物による生態系等に係る被害の防止に関する法律（外来生物法）」の施行を開始した．この法律では，海外から持ち込まれる外来生物のうち，特に日本の生態系や人間の生活に重大な影響をおよぼす恐れがあるもの，すなわち侵略的外来生物を「特定外来生物」に指定して，無許可での輸入，販売，譲渡および飼育を禁止する．また特定外来生物を野外に放逐することも禁止する．すでに日本の野外で野生化して被害をもたらしている特定外来生物については駆除することが政府や自治体に義務づけられる．

　昆虫類は世代期間も短く，繁殖力が強いため，ひとたび侵入生物となった場合，極めて深刻な影響をもたらす恐れがある．わが国においても，これま

で様々な侵入害虫による農林作物等への経済被害を被ってきた．このような農業害虫の侵入に対してはこれまで農林水産省の植物防疫法による規制が設けられていたが，それ以外の農林作物に対して直接加害しない種や，サソリ・クモなどの肉食性節足動物などは規制対象外とされてきた．しかし，今後は，農林作物を加害しない種でも野生化した場合に自然生態系や人の健康に影響をおよぼすおそれがある種については，外来生物法によって規制を受けることになる．昆虫類の特定外来生物としてこれまでにテナガコガネ属全種（ヤンバルテナガコガネを除く），ヒアリ，アカカミアリ，アルゼンチンアリ，およびコカミアリが指定されている．一方，マスコミなどでも報道され，社会的にも大きな波紋を呼んだ輸入外来昆虫が，外来生物法施行時に特定外来生物に指定されなかった．それはセイヨウオオマルハナバチである．その生態系に対するリスクが多くの専門家から指摘されていたにも関わらず，なぜ法律指定されなかったのか？本稿ではその経緯について，本種の生態リスクに関する知見を整理しながら解説するとともに，この輸入昆虫をとおしてみた日本の外来生物管理における今後の課題について議論したい．

2．セイヨウオオマルハナバチと外来生物法

　ヨーロッパ原産のセイヨウオオマルハナバチ *Bombus terrestris*（図9.1）は1970年にベルギーで大量増殖法が開発されて以来，農作物の花粉媒介用に商品化され，世界中で利用されている（Ruijiter, 1996）．わが国でも1991年よりハウストマトの授粉用に輸入が始まり，現在年間約7万箱ものコロニーが輸入・販売されている（国武・五箇，2006）．本種の導入により農家は授粉作業から解放され，さらに生物資材の利用という枠組みで減農薬・省農薬も促進され，マルハナトマトと称される安全で質の高いトマトの供給が可能となった．

　しかし，一方で，生態学者からは本種の野生化による生態系影響が指摘されてきた（五箇，1998，2003；鷲谷，1998）．特に本種は競争力の強いハナバチであり，在来のハナバチの衰退をもたらす可能性があると考えられた．実際にイスラエルでは本種の蔓延による在来ハナバチの衰退が報告されていた

図 9.1 トマトに訪花するセイヨウオオマルハナバチ
(写真提供:米田昌浩)

(Dafni and Shmida, 1996).そして,わが国でも1996年に北海道でセイヨウオオマルハナバチの野生巣が発見され(鷲谷,1998),それ以降,野外での女王バチの捕獲例数は年々増加し,本種の定着が進行しつつあることが懸念された(Matsumura *et al.*, 2004).日本には在来のマルハナバチ22種が生息しており,生態ニッチェが類似した侵入種と在来種の間に強い競争関係が生じることが心配された.

このような状況から,本種の法的規制を要望する声が生態学者の間で高まり,本種は外来生物法の第一次特定外来生物リスト入りの候補にもあがった.それに対して農業関係者からは,農業生産性の維持のために規制に反対する意見が多数寄せられた.セイヨウオオマルハナバチは環境保全と農業生産性という二つの命題の狭間に立たされることとなり,オオクチバスと並んで外来生物法の「目玉」的存在となった.この法律の基本方針として,日本

の生態系保全が第一義とされているが，社会的・経済的影響も十分に考慮した上で規制を検討することも唱われている．セイヨウオオマルハナバチの場合は農業生産に貢献しているという経済的側面と，本種の利用によって農家が生計を立てているという社会的側面の両方が関与することとなり，その指定にあたっては，慎重な議論が要せられることとなった．

3．セイヨウオオマルハナバチの生態リスク評価

問題となる生態リスクは次の4点に整理された．1) 餌資源や営巣場所を巡る競合が生じて在来種が駆逐される，2) 在来の送粉生態系を撹乱し，在来植物の繁殖を阻害する，3) 在来種と種間交雑を行うことで在来種個体群の遺伝子組成を撹乱する，4) 外来寄生生物を持ち込み，在来種を病害によって衰退させる．これら4つの生態リスクについてそれまでにも様々な角度から調査が進められていたが（五箇ら，2000；Goka *et al.*, 2001；Matsumura *et al.*, 2004など），2005年春の専門家会合において，実際に野外で被害が生じていることを証明する科学的データが十分に整っていないと判断され，データを十分に揃えたうえで本種の指定を再検討するという方針が決定された．その後，筆者が課題代表を務める農林水産研究高度化事業「授粉用マルハナバチの逃亡防止技術と生態リスク管理技術の開発プロジェクト」において，複数の研究機関，大学，企業および行政が協力して，約1年間に渡る生態影響の集中的調査を実施し，主に以下の4点について影響の有無を実証した．

（1）資源をめぐる競合による在来種の衰退

第1に，在来種との間に競合関係が生じている可能性が北海道の野外調査で示された．マルハナバチは年1化で，前年の秋に誕生した女王蜂のみが交尾をすませた後，越冬し，春に越冬から醒めた女王が単独で営巣を開始する．セイヨウオオマルハナバチの野生化が進んでいる地域では，セイヨウオオマルハナバチ越冬女王の目撃・捕獲数が年を追うごとに増加しているのに対して，在来種エゾオオマルハナバチ *Bombus hypocrita sapporoensis* の越冬女王の目撃数が大きく減少していることが示された（図9.2）．エゾオオマルハナ

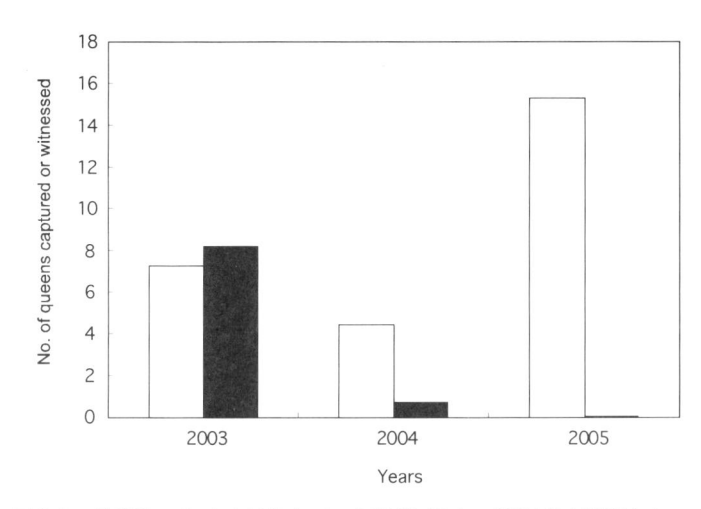

図9.2 鵡川町における越冬女王の個体数（1名の観察者1時間あたりの目撃・捕獲数）
黒いバーが在来種エゾオオマルハナバチ，白いバーがセイヨウオオマルハナバチを示す（Inoue et al., 2008）

バチは，形態的特性がセイヨウオオマルハナバチと類似しており（図9.3），利用する植物も大きく重複していた．また，両種とも営巣場所として，地中の小動物の古巣を利用する．セイヨウオオマルハナバチの個体数の増加に伴い，巣の乗っ取り頻度が増加しており，営巣場所を巡る強い競合が生じていることが示めされた．このことから，セイヨウオオマルハナバチが巣穴を独占し，その結果エゾオオマルハナバチの減少が引き起こされたと考えられる（Inoue et al., 2008）．また，北海道全体でセイヨウオオマルハナバチの分布は拡大しており，大雪山など農耕地からはなれた自然環境にまで侵入が及んでいることが明らかとなった（国武陽子ら，投稿準備中）．

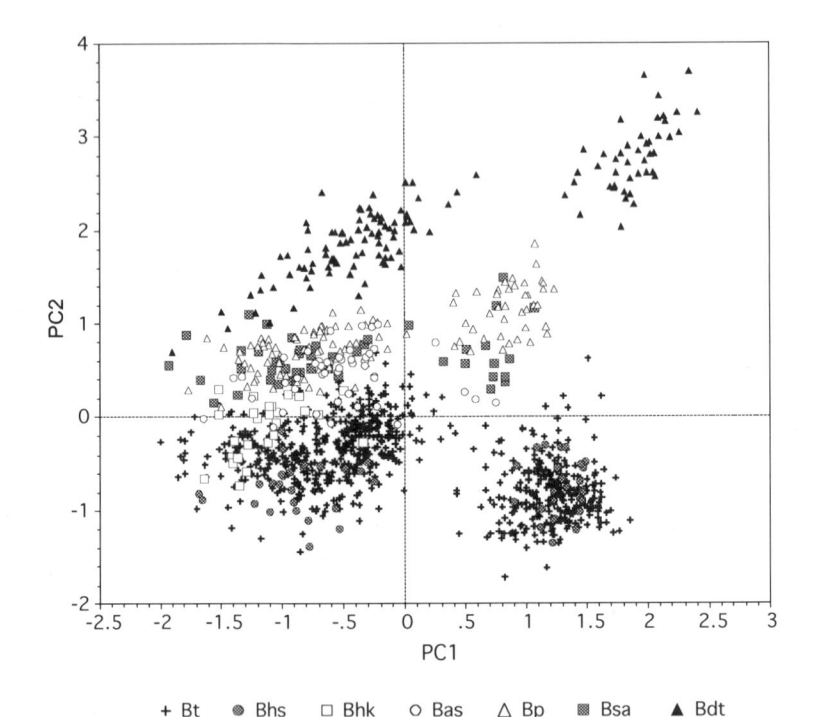

図 9.3 マルハナバチ各種の形態測定値に基づく主成分分析結果
Bt：セイヨウオオマルハナバチ，Bhs：エゾオオマルハナバチ，Bhk：アカマルハナバチ，Bas：エゾコマルハナバチ，Bp：ニセハイイロマルハナバチ，Bsa：シュレンクマルハナバチ，Bdt：エゾトラマルハナバチ．セイヨウオオマルハナバチと最も重なりが大きい在来種はエゾオオマルハナバチである（Inoue *et al.*, 2008）

（2）在来植物の繁殖に対する悪影響

次に，北海道の野外において在来植物エゾエンゴサクの繁殖をセイヨウオオマルハナバチが阻害するリスクが証明された．エゾエンゴサクは花の筒が細長く，その奥底に蜜腺があるため，通常はエゾコマルハナバチ *Bombus ardens sakagamii* などの長舌種が訪花することで送粉が行われる．しかし，セイヨウオオマルハナバチなどの短舌種は蜜腺までに舌が届かないため，花の筒の側面を噛み切り，穴をあけて，そこから蜜だけを吸い出す．これを盗蜜

行動という．盗蜜された花は正常な送粉が行われず，また蜜がなくなったせいで，その後も昆虫の訪花頻度が落ちて，その結果，繁殖に悪影響が及ぶと考えられる．

実際に野外観察により，セイヨウオオマルハナバチに訪花された花と在来種に訪花された花を比較した結果，結実率および種子数が前者で有意に低下することが示された（Dohzono I. *et al.*, in submitted）．

（3）交雑による在来種の生殖に対する悪影響

そして第3に，セイヨウオオマルハナバチは在来種に対して生殖攪乱をもたらしていることが示された．室内における交雑実験により，在来種女王とセイヨウオオマルハナバチ雄の間では交尾および授精が成立するが，受精卵（雑種卵）は胚発育できず，孵化しないことが確かめられた（図9.4）（Kanbe *et al.* in submitted）．このことは，セイヨウオオマルハナバチが在来種マルハナバチを不妊化させることと同義であり，種間交雑によって在来種の繁殖に悪影響がもたらされることが示唆された．

問題はそのような種間交雑が野外でどの程度起きているかであり，我々は

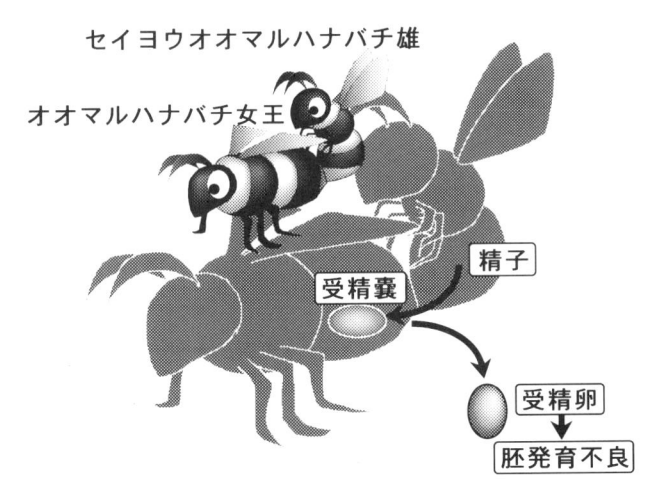

図9.4　セイヨウオオマルハナバチと在来マルハナバチの種間交雑による雑種卵形成

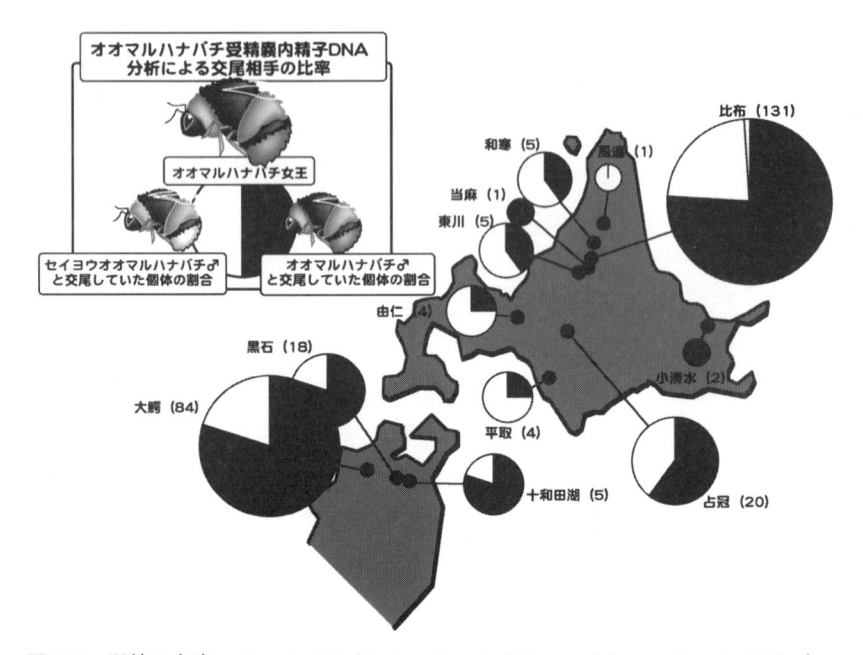

図9.5 野外の在来マルハナバチ（オオマルハナバチ，エゾオオマルハナバチ）女王の種間交雑率
各円の大きさは採集調査したサンプル数を反映している．白色部分がセイヨウオオマルハナバチと交雑していた女王の割合を表す．

この問題を明らかにするために野外から採集した在来種女王体内に蓄えられた精子DNAを分析することにより交尾相手を判定した．その結果，多くの在来種女王個体からセイヨウオオマルハナバチDNAが検出され（図9.5），種間交雑が野外でも生じていることが実証された（Kondo *et al.*, in submitted）．

（4）外来寄生生物の持ち込み

そして最後に，セイヨウオオマルハナバチの商品コロニーが国外の寄生生物を持ち込んでいる実態が明らかとなった．セイヨウオオマルハナバチはオランダやベルギーなどヨーロッパの工場で商品コロニーが大量生産されており，様々な寄生生物がコロニーの輸入に随伴して日本国内に持ち込まれるこ

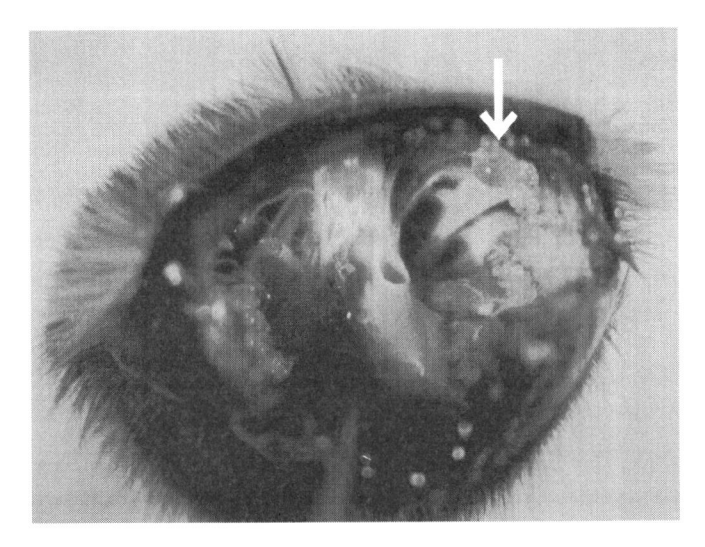

図9.6 セイヨウオオマルハナバチ体内に寄生するマルハナバチポリプダニ
腹部を解剖すると気嚢内に内に雌成虫（矢印）が寄生しているのが観察される．雌成虫の周囲にはたくさんの卵も存在する（五箇ら，2000）

とが懸念されていた．実際に輸入商品コロニーのセイヨウオオマルハナバチ体内から寄生性ダニの1種マルハナバチポリプダニ（図9.6）が多数発見されている（五箇ら，2000）．そこで，このダニが日本の野外に侵入しているか否かを明らかにするために，過去に採集されたサンプルも含めて，野外在来種個体におけるダニ感染率を調査した．

その結果，1997年に採集された在来種個体からダニが検出されたが，商品コロニーから検出されたダニとDNAを比較した結果，在来種個体から検出されるダニは外国産ダニとは遺伝的に異なる日本固有の系統であることが示された．同様に1998年および1999年サンプルでもマルハナバチ在来種個体からは「日本型」ダニが，検出され，輸入個体からは「外国型」ダニが検出された．しかし，2000年サンプルでは，北海道の在来種1個体から「外国型」DNAをもつダニが多数検出され，翌2001年サンプルでは，さらに多くの在

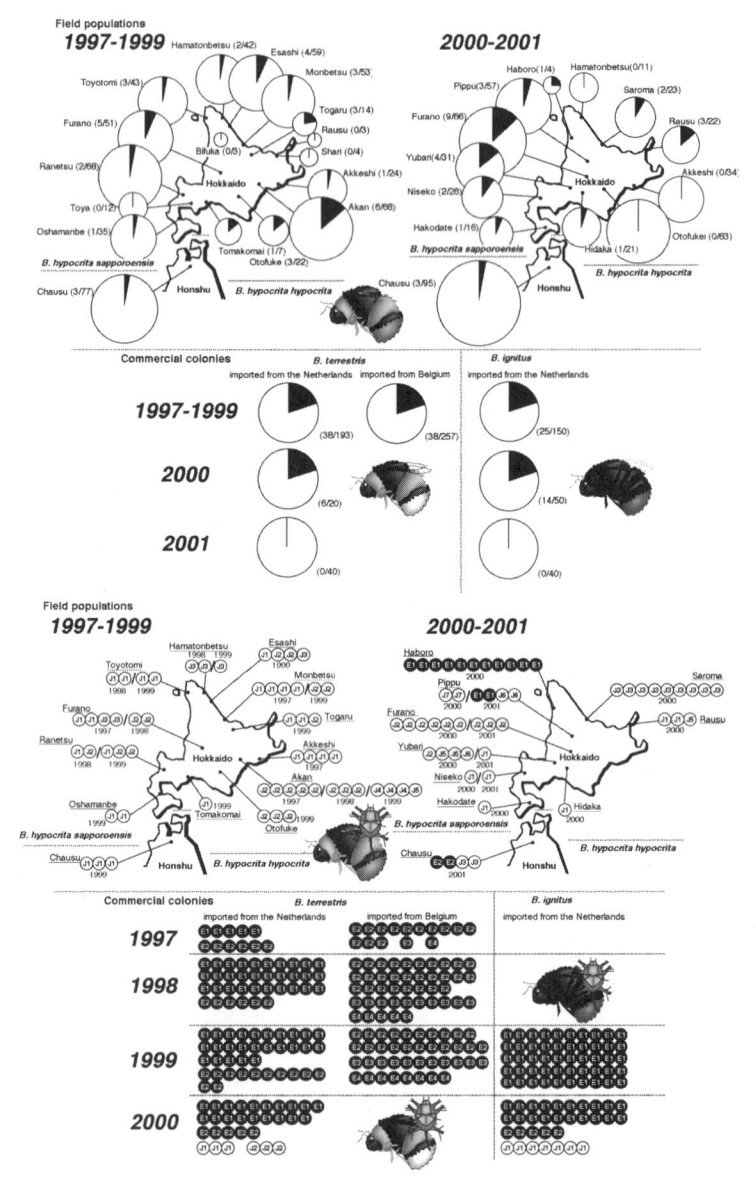

図 9.7 野外および商品マルハナバチ個体におけるダニ感染率（円グラフの黒色部分）（上図），および発見されたダニのミトコンドリア DNA ハプロタイプ（Goka *et al*., 2006）

来種個体から「外国型」ダニが検出されるようになった．一方，輸入個体からも2000年から「日本型」ダニが混じって検出されるようになっていた（図9.7）．

このことから国際的な商品コロニーの輸送に伴い，日本のダニとヨーロッパのダニもそれぞれコロニーに随伴して輸送され，ダニの遺伝的かく乱が生じている実態が明らかとなった（Goka et al., 2006）．同時に，宿主－ダニの関係がかく乱されることによる病害リスクが懸念された．

以上の調査結果と分布拡大に関する情報に基づき，2005年12月の専門家会合において，セイヨウオオマルハナバチは在来種に対して悪影響を及ぼしていると判断され，特定外来生物への指定が決定された．会合では同時に本種の継続利用のあり方についても提言がなされた．

4. 特定外来生物セイヨウオオマルハナバチの利用管理

本来ならば特定外来生物に指定された種は輸入や飼育が禁止となる．ただし，外来生物法では特定外来生物であっても，環境省大臣が定める利用目的および利用条件が整っていれば，輸入・飼育が許可されることとなっている．セイヨウオオマルハナバチについては，「農業利用」という目的に限って，「逃亡防止策」を施すことにより，使用を許可する方針が検討されたのである．

上に述べた研究プロジェクトにおいて，生態影響調査と並行して，ハウスからの逃亡防止技術の開発が進められた．その結果，温室ハウスの天窓や入り口などの開口部をネット（網）で完全に密封することで，本種の逃亡がほぼ完全に防止できることが示された（米田ら，2007）．また，使用済みの商品コロニーを適正に処分することにより，新女王や雄蜂の逃亡リスクも低減できることが示された．これらの成果から，本種は所定の使用環境のもとであれば許可を得て使用できるという特例措置がとられることとなった．つまりセイヨウオオマルハナバチの農業生産に対する寄与を生残させる策が講じられたのである．

2006年7月18日にセイヨウオオマルハナバチが特定外来生物に指定され

図 9.8　ネット展張したトマトハウス（北海道平取町にて撮影）

ることが正式に閣議決定され，同年9月1日に施行，6ヶ月の経過措置期間を経て，2007年3月1日より法的規制が開始された．今後，セイヨウオオマルハナバチの使用にあたっては，ハウスに逃亡防止策を施した上で，環境省に対して飼養等の許可申請を行うことが必要となる（図9.8）．

5．セイヨウオオマルハナバチをめぐる今後の課題

　以上，外来生物法におけるセイヨウオオマルハナバチの扱いは，外来生物の管理という視点に立った場合，以下の2点で画期的な事例だと言える．第1に，花粉媒介昆虫のように有用生物であっても生態系保全の観点から法的規制をかけることが決定された点，そして，第2に，生態系保全と農業生産性という2つの命題の両立を図ったという点である．セイヨウオオマルハナバチに対する今回の法的対応は，外来生物の管理利用という，まさに生物多様性と産業の共生を目指した新しい試みと言って良い．しかし，この試みを成功させるためには，まだ解決しなくてはならない課題が山積している．全国の農業現場への周知徹底，管理状況を監視するシステムの整備，さらには農家にかかるコスト負担の問題など，法律の実効性の確保は環境省にとっても難

題である．さらに，なぜセイヨウオオマルハナバチが規制されるのか，その根拠としての生態系保全および外来生物問題を広く理解してもらうための普及啓発活動も，この試みを成功させるための重要な鍵となる．

　一方，農林水産省はセイヨウオオマルハナバチの代替技術として在来マルハナバチ利用の推奨を始めている．在来種であれば外来生物法の規制対象外であり，万一，ハウスから逃亡した場合でも処罰を受けることはない．既に在来種のクロマルハナバチ *Bombus ignitus* が商品化されており，今後，多くの農家がクロマルハナバチ利用に移行する可能性は高い．しかし，クロマルハナバチの本来の生息域は日本国内でも限られており，特にマルハナトマトの一大生産地である北海道には生息しない．在来種といえども本来の生息域を越えた移送は，セイヨウオオマルハナバチと同じ外来種問題を引き起こす恐れがある．当然，生態リスクに対しては科学的議論が求められるが，現時点ではクロマルハナバチの生息域外移送がもたらす生態リスクを評価するための科学的データは皆無に等しく，データ収集は研究者の急務となる．

　さらに，近年，隣国の韓国や中国においてもマルハナバチの商品開発が進められており，中国産クロマルハナバチの大量増殖も検討されている．これらの商品が海外に進出すれば事態はさらに複雑なものとなる．在来種と同一種とされる外国産クロマルハナバチは，外来生物法では原則規制できないからである．法律ができたことにより，外来生物と在来生物は国境線および種名で区別されることとなり，本来の生物地理境界線が無視されるという，おおきな生物学的矛盾が発生することとなったのである．現在，国立環境研究所では国内外に分布するクロマルハナバチ個体群の遺伝的変異に関する調査を急いでいる．セイヨウオオマルハナバチの法律指定は，さらなる生態学的問題の序章に過ぎないのである．

6．輸入昆虫の生態リスク評価

　セイヨウオオマルハナバチの外来種問題は特定外来生物指定ということで一応の決着をみた．生態系保全と農業生産の両立を図った「許可制」は，確かに画期的事例ではあるが，同時に日本の外来生物対策の苦しい現状も映し

ている．もし，「農業生産」を無視して，「生態系保全」の目的のみでセイヨウオオマルハナバチの法律指定を図っていたら，果たして閣議決定にまでいたることは出来たであろうか・・・．外来生物法が作られてから1年余りが経過したが，外来種問題の解決は，現実にはまだ程遠い．既に法律で指定されたものの，その駆除が遅々として進んでいないオオクチバスや，あまりに野生化個体数が多く駆除の目途が立たないため指定が見送られているミシシッピアカミミガメ，経済的にも見合う代替技術の開発が困難なため審議が続行している外来緑化植物などの例をみても，日本の外来生物防除・管理が，日本の経済事情あるいは環境省の予算事情や政治的立場といった自然生態系とは無関係な人為的要素によって，いかに強く拘束されているかが分かる．問題の根本的解決のためには，生物多様性の価値や外来生物問題の深刻さに対する国民的理解が求められるが，肝心のこの2つの命題に対して研究者自身もどれだけ共通した認識をもち，明確な説明をすることができるのか，答えることは難しい．

ところで，2006年4月19日に，多くの生態学者が外来種対策の先進国として賞賛するオーストラリアにおいて，園芸作物授粉用として，タスマニア島に定着しているセイヨウオオマルハナバチをオーストラリア本土に導入する方針であることを同国政府が発表した（http://www.deh.gov.au/biodiversity/trade-use/invitecomment/index.html）．日本における研究成果も多数引用された100ページを越えるリスク評価書に結論として「セイヨウオオマルハナバチは安全無害で，大変有用である．」と述べられているのには驚かされた．その強引とも思える決定に第一次産業先進国としての生き様を垣間見ることができる．古今東西を問わず，かように外来生物の導入における生態リスク評価というのは，恣意的なものとしてまかり通るものである．

ちなみに，このリスク評価書では，わが国のセイヨウオオマルハナバチ生態リスク評価研究に対しては，「日本における生態リスク論は科学的根拠が希薄であり，過敏反応と言える．生態影響は現実的とは言いがたい」と記されていた．オーストラリア政府は本評価書の内容に対するパブリック・コメントを，インターネットを通じて広く募集していたことから，我々は国内の

行政や研究者グループに対して，同じくインターネットを通じて本評価書の内容を紹介し，「生態影響は非現実的」などという評価に対して反論を送るべきだと訴えたが，いずれの学会からも一切のアクションはなかった．我々，高度化事業研究グループは自らの研究成果に基づき，次のパブリック・コメントをオーストラリアに送信した．「日本におけるセイヨウオオマルハナバチのリスク評価は科学的に検証されたものであり，わが国においてはその生態影響は非現実などとはほど遠く，極めて切実な現実である．また，在来のマルハナバチが豊富に生息するわが国と，1匹も在来のマルハナバチが生息していない貴国で生態リスクを同一視すること自体が無意味である．従って，貴国の評価書におけるわが国のリスク評価に対する論評は修正するべきである．」

そもそも，どのような生物でも，移送されれば，大小問わず何らかのリスクを必ず伴うものであり，しかも，そのリスクは化学物質などのリスクのように一元的に評価することはできない．即ち，生物には常に多様性があり，化学製品のように規格品として扱うことは出来ないうえに，それ自身が自律移動可能であり，さらに遺伝子レベルで増殖し，進化もする．つまり，その生態リスクは常に時空間的変動を伴い，OECDの化学物質テストガイドラインのような「採点方式」で評価することなど，到底できないのである．

むしろ，外来生物の導入に際して求められることは，リスクの有無ではなく，リスク管理の可能性である．つまり，その生物を完全にコントロールできるか（contorolability），そして完全に追跡できるか（traceability），この二点の保証こそが導入の必要条件となる．古典的・一元的リスク評価に基づき導入が決定されたセイヨウオオマルハナバチが，自然界で予想外の繁殖と生態影響を示し，それが現在はコントロール下に置かれることにより，利用継続が図られている．セイヨウオオマルハナバチは，外来生物問題について，実に多くの示唆を我々に与えてくれている．

謝　辞

本稿で紹介したマルハナバチのリスク評価研究は環境省地球環境研究総合

推進費課題「侵入種のリスク評価手法と対策に関する研究」(課題代表：五箇公一) および農林水産省農林水産研究高度化事業「授粉用マルハナバチの逃亡防止技術と生態リスク評価技術の開発」(課題代表：五箇公一) の助成を受けて行われた．

引用文献

Dafni A. and A. Shmida 1996. The possible ecological implications of the invasion of *Bombus terrestris* (L.) (Apidae) at Mt. Carmel Israel. In : The Conservation of Bees. IBRA and Academic Press, London, UK. p183-200.

五箇公一 1998. 侵入生物の在来生物相への影響－セイヨウオオマルハナバチは日本在来マルハナバチの遺伝子組成を汚染するか？－. 日本生物地理学会会報 53 : 91-101.

五箇公一・岡部貴美子・丹羽里美・米田昌浩 2000. 輸入されたセイヨウオオマルハナバチのコロニーより検出された内部寄生性ダニとその感染状況. 日本応用動物昆虫学会 44 : 47-50.

Goka K., K. Okabe, Y. Yoneda and S. Niwa 2001. Bumblebee commercialization will cause worldwide migration of parasitic mites. Molecular Ecology 10 : 2095-2099.

Goka K., K. Okabe and M. Yoneda 2008. Bumblebee commercialization has caused worldwide migration of parastic mites. Experimental and Applied Acarology (in press)

五箇公一 2002. 輸入昆虫が投げかけた問題. 昆虫と自然 37 : 8-11.

五箇公一・マルハナバチ普及会 2003. マルハナバチ商品化をめぐる生態学的問題のこれまでとこれから. 植物防疫 57 : 452-456.

Inoue N. M., J. Yokoyama and I. Washitani 2008. Displacement of Japanese native bumblebees by the recently introduced *Bombus terrestris* (L.) (Hymenoptera : Apidae). Journal of Insect Conservation. (in Press)

国武陽子・五箇公一 2006. 農業用導入昆虫の生態リスク管理と将来展望. 植物防疫 60 : 196-198.

松村千鶴・鷲谷いづみ 2002. 北海道沙流郡門別町および平取町におけるセイヨウオオマルハナバチ *Bombus terrestris* L. の7年間のモニタリング. 保全生態学研究 7： 39-50.

Matsumura, Ch., J. Yokoyama and I. Washitani 2004. Invasion status and potential ecological impacts of an invasive alien bumblebee, *Bombus terrestris* L. (Hymenoptera : Apidae) naturalized in southern Hokkaido, Japan. Global Environmental Research 8 : 51-66.

De Ruijter A 1996. Commercial bumblebee rearing and its implications. Acta Horticultura 437 : 261-269.

鷲谷いづみ 1998. 保全生態学からみたセイヨウオオマルハナバチの侵入問題. 日本生態学会誌 48 : 73-78.

米田昌浩・横山　潤・土田浩治・大崎哲也・糸屋新一郎・五箇公一 2007. 北海道平取町におけるネット展帳を用いたセイヨウオオマルハナバチ *Bombus terrestris* の逃亡防止策の検討. 日本応用動物昆虫学会誌 51 : 39-44.

シンポジウムの概要

山﨑　耕宇
日本農学会副会長

　前2回のシンポジウムが，動植物の遺伝子工学を取り上げたのに対し，第3回目に相当する本シンポジウムでは，現在，社会的に大きな関心を集めている外来生物問題を取り上げている．古来，わが国には多種多様の生物が意識的に導入される一方，招かれざる客として侵入してきたものも少なくない．それら外来生物は動植物のさまざまな分類群に及んでおり，人間生活におおきな福をもたらすとともに，取り返しの効かない災厄をもたらす可能性も指摘されている．本シンポジウムでは，動植物のさまざまな分野で，外来生物問題に関わってきた研究者にご出席願い，それぞれの立場から現状と問題点を提起していただいている．
　以下では，まず提供された話題の概要を記すことにする．

　第1部「基本講演」で水谷知生氏（環境省自然環境局）は，2005年に施行されたいわゆる外来生物法によって実施されることになった侵略的な外来種への対策およびおもな規制対象について解説している．この法では，主として明治以降に導入されたとみられる生物で，生態系，人間の生命・身体，農林水産業に重大な被害をもたらすものを「特定外来生物」とし，許可のない限り，その飼養，栽培，運搬，輸入，譲渡を禁じており，現在84種類が指定されている．また被害のおそれが不明のものについては，「未判定外来生物」として，判定が下される前に輸入することが制限されている．法の施行以降，被害の有無にかかわらず，外来生物の輸入は著しく低下している．一方，特定

外来生物によって生態系に被害が生ずる可能性が高い場合には，公共機関による防除対策が講じられることになっているが，すでに定着している外来種への対応は，定着の初期段階を逃すといちじるしく困難になるのが現状で，地域が一体となった駆除への取り組みが要請されている．

第2部「外来植物のリスク管理と有効利用」では外来植物を対象に，4氏が話題を提供している．

　1．藤井義晴氏（農業環境技術研究所）は外来生物法によって特定外来生物を指定する場合の根拠となる科学的知見を得る目的で，プロジェクト「外来生物のリスク評価と蔓延防止策」を主導しているが，このうちの外来植物についての成果の概要を報告している．すなわち（1）現地調査により，特定外来植物および要注意外来植物の分布状況ならびに生態的特性，土壌特性に対する反応や在来種に対する影響の強度を解析した．とくに多数の外来植物について他感作用（アレロパシー）を解析し，いくつかの他感物質を同定した．また海外で問題視されている除草剤抵抗性雑草の多くがわが国に定着していることを見出した．（2）外来植物のリスク評価については，オーストラリア式雑草評価モデルがわが国にも適用可能であることを認めた．また多数の外来植物について，リスク評価に必要とされる諸特性を網羅したデータベースを開発した．（3）各種の除草法を組み合わせて外来雑草の防除技術を検討し，ソバなどの被覆植物を用いることにより，有効な生物的防除効果を得た．また除草剤使用の場合は，葉面塗布が生態的リスクを防ぐために適切であることを示した．（4）以上の結果を総合して，リスクの高い外来植物の特性が明らかにされ，またこれらの防除についても一定の進展を認めている．

　2．黒川俊二氏（畜産草地研究所）は外来植物を牧草として利用する立場から問題を提起している．外来生物法は特定外来植物12種のほか，リスクの可能性が高い要注意外来植物をリストアップしている．その1カテゴリーには「別途総合的に取り組みを進める外来生物（緑化植物）」12種が組み込まれている．このうち5種はわが国の基幹牧草であり，その取り扱いの如何はわが

国畜産業に甚大な影響をもたらすものである．そのうちから，明治初年に導入されたイタリアンライグラスを取り上げて議論している．同種は在来牧草に比べて栄養価，家畜の嗜好性がともにすぐれた高品質の牧草で，かつロールベーラー体系に適合し大型サイロを必要としないため，中小規模の酪農家に不可欠のものとして広く栽培されるに至っている．またのり面緑化植物としても利用されている．一方，同種は雑草化してコムギ畑に被害を及ぼしたり，花粉症を引き起こしたりして近年問題視されるに至っている．ただし代替草種を見出しえない状況下にあっては，牧草地からの逸出・侵入の経路を明確にしてこれを管理するとともに，花粉の出ない品種の育成など，リスク管理の方向が追究されている．

3. 小林達明氏（千葉大学大学院園芸学研究科）はランドスケープ（生態学的な景観像）の形成を目指す研究者として，生物多様性の保全に配慮した視点から，外来植物問題を論じている．以前は多様性の高い生態系は安定性が高いとされてきたが，近年はむしろ生態系の歴史的な成熟度が安定性には重要であるとされるようになっている．この視点からすると，わが国の森林はきわめて安定しているのに対し，河川流域や里山近傍などは安定性が低く，近年は侵略的外来植物の侵入の危険にさらされているという．このような地域性に着目して小林氏は河川流域に侵入しやすい外来植物の生理生態的特性を，地域の条件と関連づけながら解析している．とくに緑化植物については，近年いわゆる外国産"郷土植物"が国立公園や国定公園の緑化に導入され，生態系を大きく変質させていることを問題としている．生物多様性の視点から見れば，同一種とみなされるものの中に，地域の環境に適合した特異な遺伝的変異が歴史的に生じているのが常であり，これを無視すると大きなリスクをもたらすという．外国産"郷土植物"は明らかに遺伝的に異質のものであり，国内産のものであっても地域特有の遺伝的変異のみられることが多く，植栽する種の選定には十分留意する必要があるとしている．

4. 近藤三雄氏（東京農業大学造園科学科）は国内各地の緑化にあたっては

適地適栽を旨とし，自然環境の緑化には基本的に在来植物を用い，都市緑化については在来・外来にこだわることなく対応してきた立場から，これを不可能にする恐れのある外来生物法の施行に強く反対している．その最大の問題は，氏が20年来愛用してきたオオキンケイギクが特定外来生物に指定されたことである．同種は導入後一時的に大群落を形成することはあっても，植生の遷移とともに消滅する運命にあり，かつて導入した地域の多くでほとんど認められなくなっている．このような種を特定外来生物に指定することを氏は問題としている．また要注意外来植物にリストアップされているものには，のり面の侵食防止，飼料，蜜源，環境レメディエーション，景観形成などに重用されている多数の植物が含まれており，これらが特定外来生物に指定されることになれば，関連産業や人間生活に重大な支障をもたらすことが懸念される．外来生物法が施行されてより，緑化用として在来種を利用する機運が高まっているが，同種であっても遺伝素質の異なる輸入の"在来種"種子に依存するケースや，埋土種子に依存する不安定な表土のまき出し法が採用されるなど，嘆かわしい事例が頻発している．

第3部「外来動物のリスク管理と有効利用」では外来動物を対象に，4氏が話題を提供している．

　1．羽山伸一氏（日本獣医生命科学大学野生動物教育研究機構）は哺乳類，鳥類，爬虫類に対象を限って，外来動物問題の実態や具体的な対策の状況を紹介している．まず外来動物のもたらす危害を，1）捕食・競合による在来生物への影響，2）植生の破壊，3）遺伝的かく乱，4）農林水産業への被害，5）生活環境・人身への被害，6）感染症の媒介，に分け，それぞれの場合について具体例を挙げて実態の深刻さを述べている．ついでこれらの対策については次のような考え方で行うのが望ましいとしている．1.由来の異なる外来動物への対策：1）野生由来の外来動物は，特別な施設の場合を除き，原則として飼育しない2）家畜由来の外来動物を遺棄または逸走させない3）在来動物であっても野生生物を国内移動させない．2.定着した外来動物への対策：生態系からの除去を科学的かつ計画的に行い，殺処分は原則として獣医師が人

道的な方法で実施する．対象とする動物群は家畜あるいはペットなど人間生活に密着しているだけに，その対策には社会的なコンセンサスを得るよう，極力努めるべきであり，一方，そのための法整備をさらに充実していく必要がある．

2. 多紀保彦氏・加納光樹氏（財団法人　自然環境研究センター）は近年いちじるしく導入と広がりが増加し，各種の環境問題を起こしつつある外来の魚類を対象に，そのリスク管理と有効利用の現状と課題について概観している．外来生物法によって特定外来生物に指定されたのは，温帯産の魚食性淡水魚12種とメダカを駆逐しつつあるカダヤシ1種の計13種である．これら外来魚の侵略性について氏らは，外来魚のもつ環境適応性，食性，繁殖力などの生物学的特性と，それらが環境に逸出する機会の大きさとの両面から検討しなければならないとしている．環境に逸出する機会としては，1）養殖施設からの逸出，2）種苗への混入，3）遊魚や食用のための放流，4）他の生物を除去するための放流，5）観賞魚の遺棄，6）環境教育のための放流，などが挙げられる．それぞれの場面に対応して，適切な規制を行うことが重要と考えられるが，外来哺乳類のように目につく機会の少ない魚類にあっては，社会教育の徹底などの広報活動も充実していく必要がある．すでに広範囲に定着している魚種については，地域を定めて計画的な防除を行うとともに，防除技術を開発していく必要がある．特定外来生物に指定されていない魚種についても，外来種の導入は控えることを原則とすべきである．

3. 導入昆虫のリスク評価リスク管理については，異なる立場から2氏が問題提起している．
（1）望月　淳氏（農業環境技術研究所）は有益性のゆえに輸入される導入昆虫のうち，農作物害虫の防除を目的に導入される導入天敵を対象として，そのリスク評価と管理について論じている．わが国の天敵導入は明治末年より始まる長い歴史を持ち，現在までにおよそ35種が海外から導入され，うち8種が定着しているとされる．近年，天敵が生物農薬として取り扱われるよ

うになり，世界的に流通する機運が高まるに及んで，その生態系に及ぼすリスクをいかに評価しいかに管理するかが大きな関心を呼んでいる．1996年にはFAOがこれに関わる取り扱い規約を取りまとめ，各国に責任ある対応を呼びかけている．わが国でも環境省がガイドラインを提出しているが，煩雑で欠点も少なくない．そこで氏らは海外で開発された手法を参考にしつつ，わが国の実状にあった評価基準を作成している．その考え方は生態系影響リスクを定着性，分散性，寄主範囲など6つの評価項目について検討し，それぞれの可能性（L）と程度（M）の大きさを5段階の評点であらわし，L×Mの総和をもって定量的に評価しようとするものである．すでに定着し問題なしとされる種を基準に，導入天敵の評価について妥当な結果が得られたとしている．なお導入後のモニタリングの必要性も同時に重視すべきことを指摘している．

（2）五箇公一氏（国立環境研究所）はハウス栽培のトマトの花粉媒介を目的として導入されたセイヨウオオマルハナバチの生態リスクとその管理について論じている．同種のわが国への導入は1991年に始まるが，数年後にはハウストマト栽培の中心地北海道で，同種の野外営巣が発見されるなど，その生態リスクについて生態学者の間では懸念が広がった．一方，これを特定外来生物に指定する動きには，農業関係者から大きな反対の声が上がるなど，問題は環境保全と農業生産性の対立の様相を呈してきた．近年この問題の解析は，農林水産高度化事業のプロジェクトとして取り上げられ，複数の研究機関，大学，企業および行政が協力してその生態影響が集中的に検証されてきた．その結果，1) 同種は営巣場所をめぐる強い競合により在来種の営巣成功率に悪影響を及ぼしていること 2) 同種の放花した植物においては結実率ならびに種子数の低下という悪影響がみられること 3) 同種は実験室内及び野外において在来種との交尾が観察され繁殖に悪影響がおよぶこと，が明らかになった．これらの成果にもとづき，同種は特定外来生物に指定されることになったが，生産者に対しては，施設にネットを張るなど逸出防止策（その効果も確認されている）を講じた上で，許可を受けることによって使用が

可能となった．環境保全と生産性とを調和させる最初の試みとなったが，逸出防止策の経費にいかに対処するかなど，今後解決すべき問題も多く残されている．

　以上の問題提起のもとに議論が進められたが，対象とする外来生物種によってリスクの評価やリスク対策についても，多様な立場が表明された．
　外来生物法に対して最もきびしい反論を呈したのは，これまで有効利用してきた植物を，特定外来生物に指定され，あるいは要注意外来生物にリストアップされたとする造園・緑地学や畜産学の研究者であった．現在，特定外来生物に指定されているのは，緑化植物であるオオキンケイギク1種であるが，要注意外来生物のなかには「別途総合的な取組みを進める外来生物（緑化植物）」というカテゴリーで12種類の植物がリストアップされており，その中には日本の国土緑化や畜産業を支える基幹牧草が多数含まれている．これらについては環境省，農林水産省，国土交通省が連携して検討を進めることになっているが，もしそれらが今後特定外来生物に指定され，その利用が厳しく制限されるとなると，わが国の緑化・修景や酪農に与える影響は甚大であるとするのが，生産性や実用性を重視する立場からの懸念といえよう．現段階では，これら要注意外来生物について具体的な検討が進められる計画はたっていないとの環境省からの説明があったが，慎重の上にも慎重を期してほしいとの要望が提起された．
　セイヨウオオマルハナバチ問題は，外来生物のおよぼす環境リスクと有効利用とが激しくせめぎ合った典型的な場面であったと理解される．この問題に対しては環境リスクについて徹底的な科学的解明が進められ，その成果にもとづいて同種が特定外来生物に指定されるという経過をたどった事例で，環境リスク評価の1つのモデルケースを提起したものと考えられる．これら科学的解明が環境省，農林水産省および大学の研究者の横断的な共同研究によって進められたことも，従来にない画期的な研究のあり方として特記されよう．ただしその結果，厳格なリスク管理を強いられることになった生産者には，新たな負担が生ずることになり，これにいかに対処するかについては，

あらたな政策的な課題を提起したといってよい．リスク管理に関して，考慮すべきもう1つの側面といえよう．

　リスク評価の問題は外来植物の雑草化，導入天敵の生態系への影響としても取り上げられている．導入された外来生物の侵略特性や新たな環境との適合性など，関わる要因はきわめて多岐にわたり一元的には評価できないのが，この種の問題の特徴といえよう．報告者は植物ならびに天敵昆虫について，海外の評価事例をも参照しながら，多様な要因を組み合わせながら独自の評価基準を案出している．今後これらの基準にもとづいて外来生物のリスク評価が適切に行われることが期待される．

　上記した植物や昆虫に対して脊椎動物（哺乳類，爬虫類，両生類，魚類）では，アナグマやオオクチバスにみられるように，外来生物による危害（リスク）は比較的明白であり，これを排除することに異論はない．むしろ不法に輸入される外来動物をいかに取り締まるか，あるいは導入され飼育されている動物の逸出をいかに防止するかといったリスク管理と，一旦定着した外来動物をいかに除去するかという対策が主要な課題となっている．ペットや遊魚の対象となる動物も多く，人間生活に密着しているものだけに，ずさんで不注意な管理や良識の欠如などによる逸出の機会が少なくない．また広域に定着した外来動物の排除には住民の協力のもとに計画的な実施が必要とされる．一方捕獲した動物の処分についても倫理的な配慮を欠いてはならない．社会的な認知をうけるための教育・広報活動が強く要請されるところである．

　以上，種によって多様であっても，外来生物のリスク管理と有効利用については，在来の生態系という複雑なシステムといかに調和させ得るか，ならびに社会的な利害関係や人間生活といかに整合させ得るか，という問題点は共通しており，今後さらにその解決に努めねばならないというのが，参会者の一致した合意ということができよう．今回のシンポジウムでは，話題提供者を含め農学関係の参加者が多かったため，生態学者の意向が強く反映したとみられる外来生物法には，やや拙速であるとの批判が出され，今後の慎重な検討を求める声が強かった．

著者プロフィール

敬称略・あいうえお順

【加納　光樹（かのう　こうき）】
　　東京大学大学院農学生命科学研究科博士課程修了，現在財団法人自然環境研究センター研究員．専門分野は魚類学，水産生物学．

【黒川　俊二（くろかわ　しゅんじ）】
　　神戸大学大学院農学研究科修士課程修了後，農林水産省草地試験場（現：畜産草地研究所）に入省し，現在同主任研究員．専門分野は雑草学，草地学．

【五箇　公一（ごか　こういち）】
　　京都大学大学院農学研究科昆虫学専攻修士課程修了．現在国立環境研究所主席研究員．専門分野は侵入生物および化学物質による生態影響評価研究．

【小林　達明（こばやし　たつあき）】
　　京都大学大学院農学研究科博士課程中退後，千葉大学園芸学部助手，同助教授を経て，現在同大学院園芸学研究科環境園芸学専攻教授．専門分野は緑地環境学．

【近藤　三雄（こんどう　みつお）】
　　東京農業大学造園学科卒業後同学科助手，専任講師，助教授を経て，現在東京農業大学造園科学科教授．同大学大学院造園学専攻教授．専門分野は造園植栽学，都市緑化技術学．

【鈴木　昭憲（すずき　あきのり）】

　東京大学農学部農芸化学科卒業，現在東京大学名誉教授・秋田県立大学名誉教授，元東京大学副学長・元東京大学農学部長．専門分野は農芸化学，生物有機化学．2005年度文化功労者．

【多紀　保彦（たき　やすひこ）】

　東京水産大学増殖学科卒業，同学増殖学専攻科修了．東京農大育種学研究所研究員．東京水産大学助教授，教授を経て　現在自然環境研究センター理事長，長尾自然環境財団理事長，東京水産大学名誉教授．専門分野は魚類学，魚類地理学．

【羽山　伸一（はやま　しんいち）】

　帯広畜産大学大学院獣医学研究科修士課程修了後，埼玉県がんセンター研究所を経て，日本獣医畜産大学助手．現在，日本獣医生命科学大学野生動物教育研究機構・機構長．専門分野は野生動物学．

【藤井　義晴（ふじい　よしはる）】

　京都大学大学院農学研究科博士課程中退後，農林水産省農業技術研究所研究員，農業環境技術研究所主任研究官，四国農業試験場主任研究官，農業環境技術研究所他感物質研究室長，化学生態ユニットリーダーを経て，現在，独立行政法人農業環境技術研究所上席研究員．専門分野は化学生態学，雑草学，天然物化学．

【水谷　知生（みずたに　ともお）】

　1986年，環境庁（当時）に入庁．主に自然保護局，自然環境局で，国立公園管理，鳥獣保護，外来種対策等を担当．2005〜07年，鹿児島県環境保護課長，2007年4月より野生生物課外来生物対策室長．

【望月　淳（もちづき　あつし）】
　東京大学大学院農学系研究科博士課程修了後，農林水産省東北農業試験場水田利用部，農林水産技術会議事務局調査官を経て，現在独立行政法人農業環境技術研究所生物多様性研究領域上席研究員．専門分野は応用昆虫学．

【山﨑　耕宇（やまざき　こうう）】
　東京大学大学院生物系研究科博士課程修了．東京大学教授，東京農業大学教授を経て東京大学名誉教授．専門分野は作物栽培学．

Ⓡ 〈学術著作権協会委託〉	
2008 シリーズ21世紀の農学 外来生物の リスク管理と有効利用	2008年4月3日　第1版発行
著者との申 し合せによ り検印省略	編 著 者　日 本 農 学 会
©著作権所有	発 行 者　株式会社　養 賢 堂 代 表 者　及 川　清
定価 2300 円 (本体 2190 円) (　税　5％　)	印 刷 者　星野精版印刷株式会社 責 任 者　星野恭一郎
発 行 所	〒113-0033　東京都文京区本郷5丁目30番15号 株式会社　養賢堂　TEL 東京(03) 3814-0911 振替00120 　　　　　　　　　　FAX 東京(03) 3812-2615 7-25700 URL http://www.yokendo.com/
	ISBN978-4-8425-0435-3　C3061
PRINTED IN JAPAN	製本所　株式会社三水舎

本書の無断複写は、著作権法上での例外を除き、禁じられています。
本書からの複写許諾は、学術著作権協会(〒107-0052 東京都港区赤坂9-6-41乃木坂ビル、電話03-3475-5618・FAX 03-3475-5619)
から得てください。